以愛料理，

主廚的
寵妻健康食堂

改變生命的好食慾元氣菜譜

林勃攸——著

營養師 劉純君——審定

愛就是用料理照顧妳

三年前的八月，我發現太太每天下班後都昏昏沉沉，一回家就滿臉的睡意，剛一進門就先躺在沙發上睡著了，怎麼叫都不理會，我只能把她抱到床上睡覺，一開始沒想那麼多，以為只是因為工作太累了，想著她是飯店餐飲部的主管，每天早出晚歸、盡心盡力地工作著，太太自己也覺得體力透支，但我們都沒往下多想。

直到某天下午，接到太太同事的電話，跟我提到太太最近在上班時間都會打瞌睡，要叫很久才會醒，掛上電話我立刻去接她回家，也就在那天晚上太太在浴室跌倒了，我起來看到太太手撐著地板，臉朝下沒辦法叫出聲音，這時的我們都很緊張，覺得怎麼會連走路的力氣都沒有，隔天早上就立刻去附近醫院做檢查，但醫生請我們帶著報告書到新竹台大醫院轉診。

於是轉診到新竹台大醫院做一連串精密儀器的檢查，一開始疑似多發中風及腦炎，住院接受治療後，發現可能是腦腫瘤，就轉進台北台大癌醫中心，最後確認是惡性淋巴腦癌。夫妻就是要互相照顧彼此，我能做的就是先辦留職停薪，留在醫院照顧太太，整整快一年，就這樣在醫院來來回回地治療，在此真的很感謝公司支持。

這裡和大家分享，主治醫師說腦癌很有可能是來自壓力或長時間不健康的飲食導致，腦癌會影響腦部的不同位置受損，像我太太是四肢活動能力有被影響到，治療過程中也接受主治醫師安排的物理治療，透過一連串的復健和病人自己的毅力，才能恢復到現在正常行走。

聽到生病可能的原因後，我詢問衛教醫師怎麼吃最好，在醫院時規定的飲食禁忌很多，但多補充蛋白質是必要的，當下我能做的就是每天給她吃的營養支持，用料理和愛陪伴。

化療後，太太的味覺對苦味的敏感度增加，對甜酸的敏感度減弱，衛教醫師說可以利用進餐前先漱口，增加口腔濕潤度，也許

可以減少異味，或是料理時增加食物的味道，也可採用糖或檸檬加強甜及酸味，總之讓病人吃得下最重要。我試過很多烹調方法，不斷調整，好在三個月後，味覺恢復正常，記得當時出院時42公斤，我們慢慢休養補回來維持在48～49公斤上下，現在每半年回醫院定期追蹤，醫生也解禁生食可吃少許，雖然太太還是不敢吃，出門旅遊時對外食選擇也更嚴格，只挑口碑是新鮮好食材，人潮多的店家才去吃。

這一路走來的陪病餐點，很希望分享給長期外食及罹癌的朋友及家屬們，我想我能感同身受，就想藉著自己擅長的多國烹調料理手法，與太太愛吃的私房料理，提供一些料理上的參考，書中的六十一道菜譜都不是太難做，讓大家在家就可以烹調出健康好菜。

最後，我想說：愛就是要為妳做菜，然後把菜吃光光。祝福康養中的你們都能揮別病痛侵擾，身體健康！

林勃攸

癌症攝取營養不要怕，能吃最重要！

取得營養師執照二十年了，在醫院裡雖然內外科分得很細，但營養科只有一個部門，所以曾經被病人笑說，你們營養師陰魂不散吶，怎麼到哪一科都看到你。印象中有一年最高紀錄衛教了5500人次，從腫瘤、糖尿、腎臟、心臟、胸腔、婦產、小兒、骨科等，幾乎只要病人問飲食該怎麼吃，醫生就會把病人轉過來營養科。在門診待久了，看過形形色色的病人，發現能自己走出醫院的病人有三種共同特徵，第一要命：病人求生欲望很強烈；第二肯吃：有個舌癌病人曾經說，吃不下啊！但是要命就要吞；第三好配合：不管化療放療，醫囑通通全力配合。

在腫瘤營養門診裡，最常跟病人說：只要吃得下一切好商量，因為吃不下就沒體力，沒體力就沒辦法撐過療程。食慾是我在加護病房判斷一個病人的病況是往上走還是往下走的第一步，只要病人會說餓，那表示病況在往好的方向走。

曾經聽病人家屬說：「人家說不能吃太好，不然會把癌細胞養大。」但我看到的實況卻是，病人就算吃得再差再素，癌細胞一樣會搶營養，所以無論如何建議把醣類、脂肪、蛋白質、維生素、礦物質、水六大類營養素都吃均衡了，熱量夠用的狀況下，病人體重不會過輕，癌細胞長大但不會長太大的情況下，病人才會有體力熬過化放療跟手術的辛苦過程。

舉個大家能感同身受的例子：還記得曾經中過covid19或流感那幾天嗎？感覺全身像被拖拉庫輾過，差點把肺咳出來，既吃不下也拉不出來，但快好了的時候，便開始會有胃口，想吃各式美食了。如此想，急性肺炎病程頂多一兩週，但腫瘤癌症是看五年存活率，是一場長期抗戰，所以「想吃、能吃」真的很重要。

均衡地攝取各類營養不用怕，能吃最重要！

營養師 劉純君

目錄

Part 1

早餐很重要

朝慢食給生活無限可能的延伸

Part 2

復刻媽媽味

愛的料理給足對抗疾病的安全感

Part 3

營養好食力

刺激味蕾的投餵力抗病中無食慾

Part 5

蛋白質真的好重要

這是給我力量的專屬食堂

Part 4

常備小食

想吃就能隨時吃到的簡單菜譜

後記

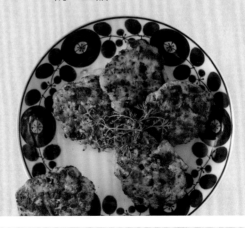

生病聽醫囑，切勿亂吃！

人生可能中特獎的機率是1億分之1，被雷打到的機率是1萬分之1，但我們都覺得會中特獎，而不會被雷打到，對吧？所以，大家都覺得生大病的一定不會是自己，可是癌症其實離我們並不遠，衛福部公布112年十大癌症：肺癌、肝癌、結腸癌、乳癌、前列腺癌、口腔癌、胰臟癌、胃癌、食道癌、卵巢癌，你看，很多對不對？

當生病時，飲食在生活中就變得相當重要，尤其是癌症患者在治療或回家康養的過程中，身心常會出現許多狀況，此時很容易被各種耳語偏方趁虛而入。身為醫院營養科負責飲食衛教的我，曾經嚴格禁止病人嘗試偏方，但病人痊癒後不理解，只覺得醫院不近人情，後來我的態度是，請病人不要病急亂投醫，如果想花錢買心安，偏方請以原型食物為主，例如蒜頭醋，可以和營養師討論，但如果是香灰或其他沒有標示、來路不明還貴得要命，甚至一個月花十幾萬的偏方，就絕對不要亂吃。此外，也常聽到有人說：不能吃生食、炸雞、冰淇淋、醃漬物、加工肉品……其實在醫院營養科裡，我們會視個案的情況來討論，提供合適的飲食建議，並不一定真的什麼都不能吃！

分享幾個小故事，有一個很可愛的阿嬤病人說，我沒有吃偏方，我都吃「祖傳祕方」，我告訴她如果要吃祖傳祕方一定要先去問過醫生喔。還有一位乳癌的病人說，因為大豆有植物性的雌激素，怕影響身體，所以不敢吃豆腐、不敢喝豆漿，就只有吃「異黃酮膠囊」而已，對不起請原諒我翻白眼，真的是什麼誤解都有；其實，市售異黃酮膠囊一顆約含40毫克大豆異黃酮，相當於400ml的豆漿，吞一顆膠囊很簡單，而400ml的豆漿灌下去會飽，還有熱量，影響真的沒有那麼大。此外，中藥材也不要亂吃，比方四物補血，但是化療病人本身就有類似發炎現象的話，如果喝了補湯會讓發炎更嚴重，在食用任何中藥材之前，請記得先詢問您的醫生，如果醫囑說不能吃，那就通通不能吃喔！

有時突然想吃某種食物，
其實是身體告訴你，正缺某些營養

生重病或癌症治療中的人，因為用藥強度高，有時會味覺失調，或是突然想吃某種食物，這種狀況其實不是孕婦專利，生病或亞健康的人群也會發生，來聽聽身體跟你說什麼吧！

還記得壓力大熬夜的時候，特別想吃重口味的東西嗎？因為高鹽食物的鈉會抓住水分，讓身體血液量增加，血液增加、循環加快，整個人就會比較有精神。

有位家屬跑來門診告狀，說病人在化療中場休息階段偷吃洋芋片，真的很不健康，病人很委屈說就是控制不了，忍了幾天才去買，通常病人會超想吃高鹽分加工品，一定有原因，我們請病人坐下量血壓，結果一個180公分的大男人血壓只有100/70mmhg，詳細問才知道，原來是太太覺得要少油少鹽少糖才健康，在家準備的三餐幾乎沒有油鹽調味，幾個月下來反而導致病人低血壓。而化療中會想吃重口味，可能是味覺喪失，藥效造成口苦，或是缺鉻，會讓人想吃甜食。

曾經遇過一位女病人很困擾地說：她好愛含著鐵湯匙，覺得含著很舒服，事後檢查原來是貧血，給鐵劑和高鐵飲食衛教後，病人就沒這愛好了，所以，身體真的都知道自己需要什麼。健康飲食不能等到生病時才要注意，其實日常生活中就要留意並重視飲食均衡，尤其亞健康的人也很需要喔！

癌症飲食的基本概念

手術、化放療的病患中，約八成會發生癌因性疲憊，研究指出，在治療過程中蛋白質跟熱量吃足夠，並且搭配各種富含抗氧化維生素較不容易有癌疲憊產生，即是飲食中盡量搭配各種不同顏色的原型食物。

★ 生食熟食的迷思

最常見的禁忌是生食與熟食的迷思，小孩、孕婦或重病者因為身體免疫力較弱，我們的確會擔心生食中有菌容易感染，所以建議要吃全熟度的食物。以雞蛋為例，理論上來說雞蛋要吃全熟，但有些病人就是無法接受熟蛋黃沙沙乾乾的口感，這時有兩個方式可以解決：

1. 一定要選擇洗選蛋，不買大塑膠箱裝的散蛋，因為散蛋裡可能藏有沙門氏菌污染會比較嚴重。
2. 看病人白血球數值，如果數字正常，烹調到七八分熟的溏心蛋或煎蛋、水波蛋、歐姆蛋都是可以接受的，但如果數字不太好看，建議還是吃全熟蛋或蒸蛋為佳。

癌症病人在治療過程，常因為化學藥物導致身體免疫低落，白血球數據降低的情況，所以會對大量細菌或寄生蟲的反應強烈，嚴重者甚至會發燒、腹瀉，因此才說要避免生食。

以蔬菜為例，若洗得不夠乾淨直接生食，可能會吃到殘留的農藥或蟲卵，像是生菜沙拉、生薑、生蔥、生蒜、生魚片、生蛋黃、泡菜、過濾水、美乃滋（用生蛋黃製作）、優酪乳、養樂多、市售鮮奶（因採高溫短時間殺菌法）等，甚至蜂蜜、蜂膠、蜂王乳都歸類於生食的範圍。

⭐ 可以吃的生食水果選擇

在治療期間，基本上沒有完全不能吃的水果，但須依照病患個別身體狀況調整。白血球低下，就要特別注意細菌污染，挑選有完整果皮包覆的水果，方便去皮者為佳，食用前充分洗淨後才去皮食用。

因為化療容易造成口腔黏膜受損，酸性水果（如奇異果、橘子、柳丁、鳳梨）或口感較硬的水果（如芭樂）容易刺激黏膜或傷口，水果選擇方向建議以不太酸、不刺激、不太硬、有厚皮為主，例如：木瓜、西瓜、哈密瓜、美濃瓜、柿子、枇杷、葡萄、火龍果、水蜜桃、香蕉、黃色奇異果、砂糖橘、海梨、紅色柳丁、椪柑……冷凍莓果類如藍莓、黑醋栗、覆盆莓，燙一下熱開水後再食用也好吃。

至於熱性容易過敏的荔枝、龍眼、芒果，則要看個人體質決定，這部分可以和營養師討論。例如芒果是漆樹科，其樹體產生的漆酚是一大過敏原，有些人在吃芒果的過程中因接觸果皮、果蒂上的汁液就會引發嚴重過敏，要特別小心。如果病人本身對芒果不會過敏，又身體感覺寒涼，在真的很想吃的情況下，可以少量嘗試，淺嚐即止。

✪ 該吃多少的飲食關鍵

在飲食規劃上，病人多半胃口與味覺都不好，盡可能以少量多餐的方式進食，例如一日五餐，但病人的胃口有限，到底吃多少才叫吃夠，這常讓照顧者甚至病人本人都很困擾，營養師在控制病人體重時，大多會以身高體重作為基本測量標準，所以我們首先要學會計算「身體質量指數 BMI (Body Mass Index, BMI)」。

BMI 值計算公式：

BMI = 體重（公斤）/ 身高²（公尺²）

如：55公斤、身高160公分

則 BMI 為 55（公斤）/ 1.6^2（公尺²）= 21.5

體重正常範圍為 BMI = 18.5~24，我們希望病人體重能維持在 BMI = 18.5~24 這個範圍。

但癌症病人通常發現得癌症的契機，大部分都是莫名其妙瘦了10幾公斤，檢查才發現罹癌，加上治療後胃口都會變得很差，所以治療過程體重都是瘦到沒辦法見人，這時我們則暫時不理會身高跟性別，而以營養師角度來教癌症患者學會怎麼計算每日需攝取多少營養量。

以下這個簡易換算表，可以幫助達成目標。在病人該吃多少份量的簡易換算表中，須先認識常用代號：

C 代表主食／澱粉；1C = 70大卡（1份主食／澱粉）

P 代表蛋白質；1P = 70大卡（1份蛋白質）

F 代表水果；1F = 60大卡（1份水果）

現有（目標）體重（公斤）× 30 = 熱量（大卡）

（如果現在體重還可以不是太瘦，那麼用現在體重×30就夠用；
但如果已經太瘦，就用目標體重×30來計算）

假設，現在體重50公斤的病人，自己感覺剛剛好，不用增減，那麼攝取「1500大卡」（50 × 30）欄位對應的「9C 8P 2F」就可以；如果病人現在體重40公斤，覺得自己太瘦想吃胖一點，那麼可以用45公斤為目標體重，選（45公斤／1200~1300大卡）欄位的飲食份量為攝取目標，大約就是「8C 7P 2F」。

（熱量－ F水果的熱量）÷ 70 = C主食＋P蛋白質

假設體重50公斤 × 30 = 1500大卡，扣除大部份人烹調算油脂200大卡（1500 – 200 = 1300），計畫想吃兩份水果，套入公式後：（1300 – 120）÷ 70 = 16.8≒17

C ＋ P等於17，表示病人想吃10C ＋ 7P（或7C ＋ 10P）都可以，進食餐數跟時段依病人身體狀況及意願而定。

最後，我想說，台灣的醫療照護是真的很好，如果生病了，請好好接受治療，並且感謝勇敢的自己，學習放慢腳步好好吃飯、享受世界，祝福大家都健康平安。

食物份量換算表

熱量 ＼ 體重	40 公斤	45 公斤	50 公斤	55 公斤	60 公斤
1000 大卡	7C 7P 1F	−	−	−	−
1200 大卡	−	8C 7P 2F	−	−	−
1300 大卡	−	−	9C 8P 2F	−	−
1400 大卡	−	−	−	9C 9P 2F	−
1500 大卡	−	−	−	−	10C 10P 2F

● 本算式僅供癌症病人簡易推算是否吃到足夠熱量。
● 本計算式不含油脂熱量，油脂使用量不特別計算，一般正常用油即可。
● 當然公式歸公式，還是可以依個人狀況調整目標體重的喔！

每日飲食規劃建議

範例	早	午	下午	晚
1300 大卡	2C 3P	3C 2P 1F	1C 1P	3C 2P 1F
飲食紀錄	大肉包 營養奶粉	牛肉麵 燙青菜 黃奇異果 1 顆	蒸地瓜 豆漿	七分滿白飯 滷肉 炒青菜 芭蕉 1 條

● 1C＝麥片種子類（乾重 20 公克）＝熟飯 1/4 碗（40 公克）＝熟麵條 1/2 碗（40 公克）＝稀飯 1/2 碗（125 公克）
● 1P＝3 指寬的肉類＝1 顆雞蛋＝240ml 牛奶
● 1F＝1 個女生拳頭大的水果＝1 條小的芭蕉

Part 1
早餐很重要

朝慢食給生活無限可能的延伸

01 / 02

培根蘑菇水波蛋

搭水果薄荷茶

放假就是要吃個美美的早午餐呀！在太太生病前，只要我有假期就會動手做這道早午餐，好好享受兩個人難得的閒暇時光，水波蛋配上橄欖油炒的培根蘑菇，想著有肉有蛋有菜有澱粉，營養都有了。

後來，太太反覆進出醫院，就算完整治療最後一次出院後，還是要等醫生說：可以吃生食了，我們才敢大膽地做來吃。畢竟水波蛋算是半熟蛋，就算買可生食雞蛋也擔心在病中會有什麼意外嘛！這一點要提醒讀者注意，如果有醫囑不可生食，這道美味就請先忍一下。

太太說：這一道真是太邪惡，如果再搭配一杯飲料有多好！

家裡盆栽剛好種了薄荷葉，隨手剪幾枝下來，清洗乾淨，加上冰箱原本就有的各種水果，有什麼切什麼的放進壺中。新鮮沖泡的果茶就是好喝，舒服的茶香四溢，真享受！

這道香氣洋溢的早午餐蛋白質份量很高，搭配氣味清香、味道酸甜的果茶，解膩又提神。

01 Recipe :
培根蘑菇水波蛋

做法

1. 雞蛋打到小碗裡備用、洋蔥切碎；培根切小條狀，熱水燙過；蘑菇每顆切四分之一，備用。

2. 準備一只小湯鍋，加入一半以上的水量煮至滾的狀態後，放入鹽5g以及米醋再度煮滾，將火力轉中小火，維持小滾狀態。

3. 以湯匙將湯鍋裡的水用力攪拌到有漩渦狀時，將雞蛋從湯鍋旁邊，輕輕倒入水中，微火讓雞蛋慢慢定型，再用湯匙輔助翻面，兩面都變白定型後撈起。(兩顆雞蛋都這樣做，一顆一顆來不要急)

如何做出完美圓形水波蛋？

重點來了，就是雞蛋要非常新鮮！若能選用有認証的可生食蛋為最佳。在製作時，醋能夠幫助蛋白快些凝結；煮的時間不能太久，輕輕撈起的蛋在切開時，有著鮮明橘黃色的蛋黃，會讓整道料理活靈活現，視覺上就覺得好吃了。

食材
雞蛋2顆、米醋15ml、水800ml、培根100g、蘑菇120g、洋蔥45g、厚片法國麵包2片

調味
鹽7g、研磨黑胡椒碎適量、橄欖油15ml

MEMO！

- 培根炒之前先汆燙，可以去除部份亞硝酸鹽。
- 也可加入些許小番茄，增添酸甜味，也更好看呢！

4. 起鍋，加入橄欖油以中火炒香培根，炒至微微上色、微焦時，加入蘑菇及2g的鹽略炒，這可幫助蘑菇快一點變軟，再放入洋蔥碎拌炒到上色。

5. 法國麵包片放入乾淨且熱好的鍋中，不放油，以小火乾煎至兩面上色(像吐司機烤完的樣子)。

6. 最後排盤，想要讓食物看起來更好吃，這動作很重要，先將法國麵包放在大的平餐盤上，接著放剛煮好的水波蛋，旁邊再放炒好的培根蘑菇即可。

6

02 Recipe :

水果薄荷茶

食材

新鮮薄荷葉5g、蘋果片30g、檸檬片2片、甜橙片2片、綠茶包1個、熱水500ml、蜂蜜15ml、冰塊適量

做法

1. 準備透明玻璃茶壺，放入綠茶包，倒入熱水沖泡約3分鐘後，拿起茶包先放置一旁。

2. 再放入蘋果片、檸檬片、甜橙片及蜂蜜，趁熱攪拌均勻。

3. 最後放入新鮮薄荷葉稍微攪拌，當散發出清涼氣味時，就可趁熱享用；若想喝冰涼飲，也在這時放入冰塊，冰冰涼涼的水果茶就完成了。

MEMO!

- 喜歡紅茶的人可以替換成自己喜歡的口味。
- 如果想要水果味道更重一點，也可先以500ml的水煮水果至滾開，再以這樣的果味熱水來沖泡茶包。

03 / 04

火腿起司煎蛋三明治

搭檸檬蜂蜜菊花茶

我們吃過很多不同風格的早餐店，但要如何用全麥吐司做出營養美味，又能讓太太有驚訝感覺的三明治？這點我想了很久。

跟坊間早餐店不一樣的地方，就在於食材吧！

我選擇有機新鮮雞蛋，再用好的橄欖油來煎漂亮的太陽蛋及先用熱水汆燙過的火腿，當然要注意火候，加上風味香濃的瑞士葛瑞爾乳酪，口感細緻，有淡淡堅果香，整體就有豐富的蛋白質，很適合病後補充體力。

太太想要比較有新鮮感的搭配，於是想到，我們每年都會去銅鑼欣賞杭菊，順便買回家泡菊花茶來喝，如果在菊花茶裡加入檸檬、蜂蜜，應該會是絕配，可以解油膩，同時放鬆心情好入眠，太太喝了真的一覺到天亮，後來就喜歡上了，這是我最希望的效果。

03 Recipe :

火腿起司煎蛋三明治

食材

全麥吐司2片、雞蛋1顆、
四方火腿片1片、葛瑞爾乳酪1片、
青蔥10g、牛番茄切片1片

調味

鹽少許、研磨黑胡椒碎少許、
法式芥茉醬10g、橄欖油15ml

做法

1. 全麥吐司切去硬硬的吐司邊,準備一只平底鍋,開中火熱鍋,再放入全麥吐司乾烙至吐司兩面呈棕色且酥脆,取出一面抹上薄薄一層的法式芥末醬。

如何知道鍋熱好可放入食材?

最簡單的用手掌測試法,將手掌置於鍋子上方約5公分處,當手掌覺得有熱氣有些燙手時,就表示鍋子熱度夠,可以下食材了。

2. 雞蛋打到小碗裡備用,起鍋倒入橄欖油,搖晃一下鍋子讓鍋底均勻吃油,開小火至手心感覺熱氣溫溫燙手時,將雞蛋盡量輕輕往鍋子中間倒入,受熱均勻,此時先定型不要移動,以免蛋白四處流動。

- 如果想吃全熟蛋,可將蛋翻面雙面煎熟。
- 煎火腿前先汆燙,可以去除部份亞硝酸鹽及磷酸鹽。

3. 看蛋白凝固就撒上鹽和研磨黑胡椒碎，即可先鏟起，單面完成漂亮的太陽蛋。

4. 另準備一只鍋，放入火腿片，加入適量可蓋過火腿片的水，煮至起泡泡大滾就關火，夾起火腿片，用煎過太陽蛋的鍋子加熱火腿，微煎至兩面上色即可。

5. 青蔥取綠色部位切成綠蔥花備用。

6. 最後排盤，一片全麥吐司上先放葛瑞爾乳酪、牛番茄片，再疊上一片全麥吐司，放上煎過的火腿片、太陽蛋，撒入切好的青蔥綠即可。

04 Recipe：

檸檬蜂蜜菊花茶

食材

台灣杭菊15朵、檸檬片2片、熱水500ml、蜂蜜15ml、冰塊適量

做法

1. 準備透明玻璃茶壺，放入杭菊，倒入熱水後放置一旁等溫一點，時間約5分鐘出味，再放入檸檬片及蜂蜜，用攪拌棒攪拌均勻即可。

2. 若想喝冰涼飲，放入冰塊，冰涼的檸檬蜂蜜菊花茶就完成了。

台灣的在地杭菊不僅漂亮，曬乾後泡茶也十分好喝，清爽解膩，火氣大的人可試試看喔！

MEMO！

- 如果不想要檸檬的酸味，也可以放入數粒枸杞，這樣也會很甘甜。
- 也可以將杭菊替換成紅茶，就變成蜂蜜檸檬紅茶口味。

05 / 06

煎綠番茄柔嫩炒蛋
搭牛蒡紅棗茶

綠番茄又稱黑柿茄，也稱一點紅，意指番茄的頂中心出現一點紅色，就表示熟了可食用，這種番茄的酸味更足夠，南部的水果番茄切盤用的就是綠番茄。記得衛教時提到番茄有很好的維生素C抗氧化力，有助於傷口癒合，所以我打算用它來做份營養早餐。

攪打蛋液時加入一點牛奶或水，可以幫助炒蛋保持濕潤口感，太太說：如果每天早上都可以來一盤，那該有多幸福！我說，只要妳想吃就會做，幸福老公幫你創造。

有時太太會突然不喜歡吃甜，而牛蒡有平價人蔘美稱，膳食纖維含量很高，我想到用它沖泡成養生健康茶最適合，牛蒡茶本身沒有加糖，用自然甘味的紅棗提味，整體透著厚潤的牛蒡香，香氣層次豐富，喝完尾韻甘醇口齒留香。

05 Recipe :

煎綠番茄
柔嫩炒蛋

食材

雞蛋 2 顆、
綠番茄片 2 片 (約 1 公分厚)、
鮮奶 15ml、義大利綜合香料 1.5g、
切片法國麵包 1 片

調味

鹽 5g、研磨黑胡椒碎 2.5g、
橄欖油 15ml、無鹽奶油 15g

MEMO!

> 如果買不到綠番茄,也可
> 用牛番茄,但在煎時要注
> 意不宜煎太久,不然很容
> 易變得太軟爛。

做法

1. 雞蛋打入小碗中,加入鮮奶、一半
   的鹽與一半的研磨黑胡椒碎,用打
   蛋器攪打至微發泡時備用。

   > 不能攪打過頭,如果泡泡太多,表
   > 示打入過多空氣,會影響口感。

2. 綠番茄片放在小盤子上,撒上另一
   半的鹽與研磨黑胡椒碎、義大利綜
   合香料備用。

3. 鍋熱至手心放在鍋上方有點燙手
   時,放入法國麵包片乾烙至兩面上
   色,取出置餐盤上。

4. 用剛才烙烤法國麵包的鍋子,開中
   火,倒入橄欖油至有一點冒煙時,
   放入做法 **2** 的綠番茄片,煎至兩面
   上色後取出放麵包旁。

5. 另起一鍋，開中火加熱，放入無鹽奶油至奶油融化，開始出現泡泡時，轉極小火，均勻倒入蛋液在整個鍋底，很快凝固成薄薄的一層，再快速地攪拌成嫩炒蛋，中心仍保持半生熟狀態即可盛盤。

綠番茄

當醫囑叮嚀不適合吃生食，但又想吃水果時，不妨試試這樣香煎番茄片的作法，選用綠番茄是因其外皮較厚實，酸度夠，水分跟其他番茄品種比較起來偏少，遇熱更濃縮甜味，酸甜開胃。

06 Recipe：

牛蒡紅棗茶

食材

新鮮牛蒡100g、紅棗3顆、枸杞10g、水1000ml

做法

1. 用刀背將牛蒡皮輕輕刮乾淨（不要全部去皮），切成約10元硬幣厚度的薄片。

2. 將牛蒡薄片、紅棗與水一同放入內鍋，再放進電鍋裡，鍋外加兩米杯水後，按下開始蒸煮鍵煮到開關跳起。

3. 枸杞洗過，放入煮好的牛蒡紅棗茶裡幾分鐘出味，待溫涼即可飲用；在大夏天想喝冰涼飲，也可以放冰箱中冰鎮。

想簡單點備料，可買乾燥牛蒡片直接以熱水沖泡，濃度依個人口味增減牛蒡乾即可。

煎蘆筍炒鍋醬油蛋
附吐司搭山楂玫瑰茶

台南安定是蘆筍的故鄉，記得以前我們回台南娘家時，就會請岳母炒自己栽種的新鮮蘆筍來吃，剛從土裡割下來現炒的味道真的很鮮，就是跟去市場或超市買的完全不一樣，現採現炒的蘆筍很嫩、纖維少，滋味甜嫩、清脆爽口。

雖然平時買到的蘆筍來自各個產地，還是與娘家的鮮採風味不同，但我用不一樣的烹調方式料理，加上我認識太太後才吃過的人間美味醬油蛋組合，沒想到蘆筍配上嗆出醬油香氣的雞蛋，也能讓太太讚不絕口。早餐配吐司，其他時間當然也可作為一道菜配白飯，會讓你一碗接一碗呢！

搭餐飲品的靈感來自太太小時候喜歡吃仙楂糖和山楂餅當零嘴，想當然山楂茶是太太的最愛之一，我搭配玫瑰做成飲品，濃郁的玫瑰香氣與山楂入喉的回甘，微酸香甜的口感層次豐富，還能促進消化，偶爾太太覺得胃口不好或積食時，這道茶飲能減輕不適，開胃也開心。

07 Recipe:
煎蘆筍炒鍋醬油蛋附吐司

食材
雞蛋1顆、綠蘆筍5根、紅蔥頭2g、檸檬角10g、吐司麵包2片

調味
鹽2.5g、研磨黑胡椒碎少許、醬油5g、橄欖油30ml

MEMO！
- 食用時淋上檸檬汁可增加風味。
- 如果想讓綠蘆筍味道更香，可將紅蔥頭碎改成大蒜碎，這樣翻炒出來的綠蘆筍會香蒜味十足。

做法
1. 雞蛋打到小碗裡，吐司切去硬硬的吐司邊，紅蔥頭去皮洗過再切碎備用。
2. 綠蘆筍以清水用手搓一搓沖洗乾淨，將根部5cm左右纖維較粗的皮用削皮刀輕輕地削除，再切除最底部1公分，保留最鮮嫩部份。

3. 熱鍋不放油，放入吐司以小火乾烙至兩面上色，這動作能做出像是吐司機烤完的酥脆感。

4. 原鍋用擦手紙擦乾淨，去掉煎吐司時的麵包屑，加入一半的橄欖油以中火慢慢翻煎綠蘆筍，再加入紅蔥頭碎翻拌一下，以鹽、黑胡椒碎調味，即可將綠蘆筍裝盤，放上吐司、檸檬角備用。

5. 另起一鍋，放入另一半橄欖油，以中火加熱至出現油紋時，倒入雞蛋，先不翻動，待蛋白邊微焦微脆時翻面續煎，約1分鐘將醬油從鍋邊淋入，讓醬油藉由熱熱的鍋子竄出香氣及味道跑到蛋上，即可起鍋盛盤。

08 Recipe：
山楂玫瑰茶

食材

山楂乾 30g、玫瑰花乾 10 朵、
冰糖 80g、水 1500ml、冰塊適量

做法

1. 準備湯鍋加入水，煮至水中有大泡泡時加入山楂乾，轉小火，蓋上鍋蓋再煮 5 分鐘。

2. 加入冰糖、玫瑰花乾，再蓋鍋蓋煮約 5 分鐘，此時試味道會酸酸甜甜的喔，若覺得味道不足可再任意調整，即可趁熱享用。

MEMO！

喜歡更酸的朋友們可在煮茶時，加入大約 30g 洛神花乾，依喜歡的口味增減調整。

|| 營養師 Point ||

胃酸能幫助食物消化，所以胃酸量不足，消化就會變慢，而山楂的酸能幫助人體胃酸分泌增加，促進病人的食慾使其開胃，只是如果本來胃酸分泌就過多的病人，加上又有胃潰瘍的症狀者，胃酸分泌增加會刺激胃壁破損處，就不適合食用。

鮪魚玉米歐姆蛋
搭番茄梅子汁

歐姆蛋是以前我在飯店工作時，早餐時段必出現的一道蛋料理，因為常做，對我來說，心裡想不難不難呀！但是太太指定材料，要如何在30秒內把鮪魚玉米包入蛋裡，畫圓做出美味的特製歐姆蛋，說真的30秒很挑戰，好在我成功了！

在醫院的那些日子只能買早餐店的早餐，所以出院後太太對這道歐姆蛋念念不忘，她特別喜歡日式口味，所以沾醬也很不一樣，她喜歡的辣度就是要加辣味適中的七味粉，由辣椒、橙皮、黑芝麻、白芝麻、山椒、薑、海苔組成的七味粉，對治療後口淡的味覺來說，能刺激舌頭產生熱辣感、在味道層次上更加豐富，就會愛吃了。因為大多數人吃歐姆蛋都會淋番茄醬，而我太太只撒七味粉，那就把番茄變成果汁，一起搭配應該很適合吧！

這道果汁是在我們去番茄園採果時，喝到店家販售的口味，因為很喜歡，我便偷偷看裡面材料有什麼，回家自己試做幾次，終於皇天不負苦心人，成功復刻了這杯美味的番茄汁！想著那句諺語「番茄紅了、醫生的臉就綠了」，那麼就來分享這杯新鮮番茄加梅粉的果汁配方，讓大家一起自我保健。

09 Recipe :

鮪魚玉米歐姆蛋

食材

雞蛋2顆、水漬鮪魚罐80g、
玉米粒20g、鮮奶15ml、小番茄50g

調味

鹽2.5g、研磨黑胡椒碎1g、
七味粉適量、義大利綜合香料1.5g、
橄欖油10ml、無鹽奶油15g

- 如果不喜歡七味粉，可
  以準備番茄醬搭配食
  用。
- 歐姆蛋的餡料可依自己
  喜歡的材料去變化。

做法

1. 鮪魚罐我選用水漬的鮪魚比較不
   油，打開後先去掉多餘水分，放在
   小碗裡加入玉米粒一起拌均勻備
   用。

2. 雞蛋打到小碗裡，加入鮮奶及一半
   的鹽、研磨黑胡椒碎一起攪拌成蛋
   液備用。這裡須加入鮮奶或水蛋才
   會嫩，不然煎起來的蛋口感會偏
   硬。

3. 小番茄洗淨擦乾放入小碗，加入另
   一半鹽和研磨黑胡椒碎、義大利綜
   合香料、橄欖油拌勻，平均放在鋪
   有吸油紙的烤盤上，再放入已預熱
   的烤箱中，以上下火180℃烤5-8
   分鐘至小番茄的皮微裂開。

4. 起鍋，放入無鹽奶油先以中火加熱
   至融化，轉小火，倒入做法**2**蛋液
   用鍋鏟或橡皮刮刀從外往內拌，重
   複兩次約半熟時，放入鮪魚玉米
   粒，這時快速地將蛋兩邊往中間
   捲，再翻面調整一下就可盛盤。

5. 最後撒上七味粉，旁邊放烤好的小
   番茄即可。

10 Recipe：

番茄梅子汁

食材

牛番茄或小番茄80g、
薄荷葉1小朵、
冷開水150ml、
冰塊適量

調味

梅粉30g

做法

1. 番茄先泡水5分鐘，換水重複兩
   次擺脫農藥陰影，再沖洗淨，剖
   半或切塊；薄荷葉泡水備用。
2. 將番茄塊放入果汁機內，加入冷
   開水、梅粉及冰塊，轉最快速打
   均勻即可倒入玻璃杯，最後放上
   薄荷葉裝飾就完成了。

MEMO！

想要味道更好，可加少許
蜂蜜，調合甜蜜氣味，
味道更濃郁。

脆皮粉漿蔬菜蛋餅
搭杏仁茶

以前因工作關係大部分外食,以致纖維質極度缺乏,吃的大多高糖、高熱量,逐漸對身體造成不良影響,如能自己做早餐真的更安心!

這是我在台南傳統市場吃到的古早味蛋餅,和連鎖店的蛋餅完全不一樣,當時我在旁邊偷偷的看,想學一下,開口問了店老闆好吃秘訣,竟也不吝嗇地告訴我,老闆說,蛋餅表面就是要煎到會恰恰,裡面搭配軟軟的蔬菜,一口咬下有蛋香、有脆度,還有點軟嫩,完美的外酥內軟,老人家也會很愛。果然南台灣真有人情味。

因為這道蛋餅油要多、皮才會脆,所以自己在家做時,要再加上一個重點:一定要選好的油,例如橄欖油、苦茶油、酪梨油、芥花油等,適合200℃以內小火煎煮,這樣料理起來就很安心。

而說到杏仁茶,這是我和太太回台南在善化老街必買的早餐飲品,以前會配著油條吃,後來覺得油條太油了不健康,就不敢再吃。但杏仁茶本身有很好的蛋白質,雖然早年的杏仁茶是加入再來米磨好的米漿製造濃稠感,現在要買再來米自己磨米漿並不容易,那我就改用很好取得的白飯來做,所以即使捨棄油條,保留杏仁茶,跟粉漿蛋餅搭起來還是很有飽足感。

11 Recipe :
脆皮粉漿蔬菜蛋餅

食材

中筋麵粉100g、地瓜粉20g、
玉米粉20g、冷水220ml、
雞蛋1顆、洋蔥小丁40g、
紅甜椒小丁20g、黃甜椒小丁20g、
牛番茄小丁20g、羅勒葉5葉

調味

鹽5g、研磨黑胡椒碎適量、
橄欖油50ml

做法

1. 準備一只大碗，放入中筋麵粉、地瓜粉、玉米粉及一半的鹽與冷水一起攪拌一下，再加入橄欖油10ml拌至無粉狀態，靜置5分鐘。

2. 起鍋，加入橄欖油15ml以中火炒洋蔥小丁至有點半透時且軟時，加入紅黃甜椒丁、牛番茄丁炒到有點軟，再以另一半的鹽及研磨黑胡椒調味。

3. 另起一鍋，加熱放入橄欖油15ml，將鍋子搖晃一下讓油在整個鍋底受熱平均，轉中火，粉漿攪拌一下再倒入鍋中，兩面煎上色先起鍋。

- 也可將蔬菜換成培根、火腿、鮪魚等，和蔬菜一樣需先煎過再包入。
- 建議煎培根和火腿前，先用水煮過，可減少亞硝酸鹽、磷酸鹽含量。

4. 雞蛋打成蛋液，用原鍋加入橄欖油10ml加熱，放入蛋液煎成蛋皮，再蓋上做法**3**的粉漿皮，讓蛋與粉漿皮相黏定型後翻面，加入做法**2**炒好的蔬菜小丁鋪在蛋餅裡，放上羅勒葉，捲起固定，起鍋切成一段一段適口大小即可。

12 Recipe:

杏仁茶

食材
南杏75g、北杏25g、
白飯50g、冷開水750ml

調味
冰糖40g

做法

1. 南杏、北杏洗淨，泡水約4小時後瀝掉水分，與白飯及冷開水一起放入果汁機裡攪打成杏仁漿。

2. 將攪打好的杏仁漿倒入鍋裡加入冰糖，以小火邊煮邊攪拌，一定要慢煮且持續攪拌，不然很容易黏鍋。煮滾後即可飲用。

// 營養師 Point //

生杏仁含有毒的苦杏仁苷，苦杏仁苷這種毒素只要充分加熱，就會被破壞消失，所以只要使用的是熟杏仁就不用擔心毒素問題。

南杏、北杏

南杏味道微甜又稱甜杏仁，北杏香氣濃郁但微苦又稱苦杏仁，為了好喝，一般北杏不放太多，但若完全不加則香氣不夠。我的杏仁茶配方約為 3:1，覺得這個比例是最香最好喝的。

MEMO!

不想喝那麼濃的杏仁茶，可以篩網過濾幾次就不會那麼濃稠。

13 / 14

台南味牛肉湯

配地瓜飯

台南牛肉湯，就是將滾燙的牛肉高湯，沖入放有牛肉薄片的碗裡，沾醬則是台南特有的淡色醬油膏加上去腥的薑絲，這道讓太太的心都融化在裡面的家鄉口味，是她病後最常思念的一道好味。

用極具營養價值的牛肉湯當早餐，好的蛋白質能很好地補充體力，為了在恢復期時不用每次想吃就要回台南，我當然得好好研究怎麼在家複製出一樣的美味。台南店家多是選用翼板牛肉牛胸頸與前腿交界處，清燙後肉質軟中帶脆甜，高湯以牛骨加很多蔬菜水果一起熬煮，充滿果香甜味；而我們最愛有豐富脂肪的無骨牛小排，口感軟嫩、風味濃郁，在家煮就選擇自己愛吃的部位啦！

牛肉湯如果只配白飯有點單調，於是我用特別去好山好水的金山買的地瓜煮地瓜飯，口感微 Q 蓬鬆還細緻綿密、微甜爽口，特別適合我們這家不喜歡太過甜的養生族群，自己覺得這樣搭比在台南吃肉燥飯還絕，因為用愛心煮的飯一定是最好吃的。

13 Recipe :

台南味牛肉湯

食材

帶骨牛小排 300g、
無骨牛小排薄片 100g、洋蔥 60g、
紅蘿蔔 50g、西芹 30g、蘋果 30g、
薑片 10g、大蒜 10g、紅蔥頭 5g、
月桂葉 1 片、嫩薑 30g、水 1500ml

調味

鹽 10g、黑胡椒粒 5g、
醬油膏 15g、葵花油 15ml

做法

1. 將洋蔥、紅蘿蔔、西芹、蘋果、
   薑、嫩薑、大蒜、紅蔥頭洗淨，洋
   蔥去皮後，先切一片圓片約 30g，
   其他的切成塊狀，紅蘿蔔、西芹、
   蘋果切塊，薑薄片，嫩薑切細絲泡
   在冷開水中，備用。

2. 帶骨牛小排洗淨，吸乾水分後切
   塊，從骨跟肉之間切開。

3. 起一只煎鍋，下少許油開小火、放
   入洋蔥圓片在煎鍋中，慢慢煎讓它
   焦化成褐色，備用。

- 牛肉片的部位可依個人喜好選擇，我太太的最愛是軟嫩帶甜無骨牛小
  排，如果口味清淡，不沾醬油直接食用也可以。
- 小聲告訴你們，我問了台南店家他們的甜醬油膏用的是東成醬油。

4. 另起一鍋，加入葵花油加熱至鍋中有油紋時表示鍋子熱了，把帶骨牛小排放入煎上色，煎到兩面有點焦焦時，放入洋蔥塊、紅蘿蔔、西芹、薑片、大蒜、紅蔥頭拌炒，再倒至湯鍋中，加入水、蘋果及黑胡椒粒、月桂葉及焦化的洋蔥圓片一起熬煮約2小時後，加入鹽調味，熬煮過程中浮在湯上面白白灰灰的雜質泡泡要撈掉。

5. 試味道覺得適合後，將高湯過濾掉渣渣，再度煮開，此時帶骨牛小排已燉軟，可以取出食用。

6. 準備一只湯碗，先放入無骨牛小排片，再沖入煮開的牛肉高湯，肉片可以沾嫩薑絲醬油膏一起食用。

6

地瓜飯

食材

白米1杯、地瓜100g、
內鍋水1杯半、外鍋水1杯

做法

1. 白米洗淨，地瓜洗淨去皮後切塊備用。

2. 把白米放進內鍋，加入內鍋水量，再把切塊的地瓜放在白米上。

3. 將內鍋放進電鍋，外鍋加一杯水，按下電鍋開關煮到跳起後，暫時不立刻開蓋，燜15分鐘後開蓋，用飯匙鬆飯即可盛出享用。

MEMO!

延伸料理－玉米飯
喜歡玉米的朋友們可將地瓜換成新鮮玉米粒，一杯米的份量放一支玉米切成的新鮮玉米粒，只需多拌入2.5g鹽和10ml葵花油，其他做法跟地瓜飯一樣，放入電鍋簡單免顧火就有好吃的鹹香玉米飯了。

馬鈴薯煎餅

配長豆炒肉末

從前有做過這道菜給太太吃過，待病期時才知道原來太太那麼喜歡馬鈴薯，回家沒胃口就想吃這一道。

馬鈴薯煎餅看起來很單調，但這道菜真要有一點功夫，還要有耐心，才能煎出酥脆的煎餅，真心趕不得。適合煎炸的必須挑選國產馬鈴薯，薯型渾圓、外皮土黃色、薯肉白色，去皮、切細絲，再用手抓鹽待出水分後，擠乾水分。那時太太剛從醫院回家不久，比較沒體力，又希望有參與感，就請她幫忙慢慢地把水分擠乾，這樣煎出的馬鈴薯才會薄薄脆脆很好吃，其實太太的廚藝是很厲害的，知道這步驟不能省。

搭配長豆炒肉末也是太太指定，以前岳母在台南有塊地，什麼菜都種一點，當7-9月長豆盛產期時回娘家，基本都會吃到這太太最喜歡的豆類之一，做法也簡單，只要加少量的肉末、大蒜炒起來就香氣十足，中西合併蹦出美味的火花。

15 Recipe:

馬鈴薯煎餅

食材
馬鈴薯2顆

調味
鹽5g、研磨黑胡椒碎適量、橄欖油45ml

MEMO!

- 家裡有刨絲器可直接用刨絲器刨馬鈴薯絲，用刀切馬鈴薯成很細的絲狀，很容易切到手，請千萬小心。
- 馬鈴薯放鹽抓出水分，是為了在香煎時澱粉才會結合，馬鈴薯絲才能黏在一起成餅狀，不容易破碎。

做法

1. 馬鈴薯清洗後去皮,先切片再切成細絲,放入大碗裡加鹽,用手抓把馬鈴薯絲抓勻,待幾分鐘會出水變軟,此時擠出多餘水分,再加入黑胡椒碎拌一下。

2. 準備一只小平底鍋,放入橄欖油稍微燒熱後,將調味過的馬鈴薯絲平均鋪於鍋中,轉小火慢煎4分鐘定型上色,可用鍋鏟翻開一角看,如呈金黃色可翻面續煎上色。

3. 因每家的鍋子大小不同,若小一點可分2-3次,持續上面動作,把馬鈴薯絲煎完即可。

---

16 Recipe :

長豆炒肉末

食材

長豆120g、豬絞肉50g、
大蒜10g、紅辣椒5g、水50ml

調味

鹽2.5g、葵花油15ml

做法

1. 長豆切成0.5cm的丁狀,大蒜切碎,紅辣椒去籽切碎,備用。

2. 起鍋加熱,倒入葵花油以中火炒香大蒜碎,再加入豬絞肉拌炒幾下,等有肉香且肉有點上色時,放入長豆丁拌炒幾下,加入鹽、水加蓋燜2-3分鐘,煮到長豆熟時,放入辣椒碎拌勻即可。

MEMO!

- 如買不到長豆可改用四季豆。
- 豆類一定要炒熟才能食用,未熟的豆類食用後容易造成食物中毒等腸胃疾病,擔心者可先將豆類汆燙1-2分鐘,撈起瀝乾水分再炒比較安全。

17 /

媽媽味南瓜粥

某天太太想念岳母煮的南瓜粥，我跟她說，教我做吧！循著岳母曾手把手教煮的記憶，成功復刻！我們從切讓人嗆淚的紅蔥頭開始，洗米後濾乾水分，和配料一起炒出香氣，南瓜粥的功夫就在於熬得越久、滋味越好。雖都是碳水，可是熱量低又營養，做法是道地南部吃法，對愛吃甜食的太太來說，這碗幸福的南瓜粥，就能打造出輕盈又甜蜜的一天，身心超級快樂。

食材
白米180g、南瓜240g、
紅蔥頭30g、豬絞肉100g、
中芹菜帶葉20g、水1500ml

調味
鹽5g、白胡椒粉適量、
五香粉10g、醬油20ml、
葵花油15ml

做法

1. 白米清洗、濾乾水分；南瓜洗過後去籽，切成3×3cm塊狀；紅蔥頭去皮切成碎；中芹菜洗過濾乾水分，帶葉切成末，備用。

2. 起鍋，加入葵花油以中火炒香豬絞肉，待肉受熱變白色後，再加入紅蔥頭碎炒至微變色，放入白米及五香粉一起拌炒，直到每一粒米都均勻裹上五香粉且香氣四溢。

3. 再下南瓜塊拌炒均勻，淋上醬油、加入水攪拌均勻，先轉大火讓粥煮開到冒泡泡時，轉小火慢慢熬煮至南瓜熟軟。

4. 煮到米都軟了，呈濃稠狀，加入鹽、白胡椒粉調味，試吃味道後關火，最後加入中芹葉末即可。

MEMO！

- 如果想要吃海鮮南瓜粥，可把豬絞肉改換蝦子、無骨白魚肉。
- 想快一點吃到的人，可把白米換成白飯，五香粉跟料一起炒，白飯最後放入攪拌均勻再煮開就可，時間比較快。但以白米煮的會更好吃，因為能夠控制米煮出來的軟綿程度，熬到像粥糜一樣也沒有問題，更可以在熟成時加入調味，使之更加與食材風味合而為一！

18 /

香蕉煎餅

太太說台南家以前也有種香蕉，盛產過多時就是會這麼做來吃，或者把香蕉皮剝掉放冷凍吃香蕉冰，於是我想著早餐來個甜點香蕉煎餅也很有意思，有蛋、奶、水果也有澱粉，也吃到了蛋白質和鉀。我的作法有別於泰式香蕉煎餅，可說是簡易版，能吃到香蕉的清香、堅果的香氣、QQ軟軟的口感，營養輕食卻不會有甜食熱量負擔。

食材

香蕉1條、雞蛋1顆、
鮮奶75ml、低筋麵粉100g、
綜合堅果15g、泡打粉2.5g

調味

白糖15g、葵花油10ml

做法

1. 準備一只鍋，將香蕉去皮搗成泥放入鍋內，加入雞蛋、鮮奶攪拌均勻。
2. 加入泡打粉、低筋麵粉、白糖拌勻後，再將綜合堅果切碎放入，麵糊攪拌好後靜置20分鐘。
3. 準備一只平底鍋，加入葵花油熱鍋，慢慢倒入香蕉煎餅糊，以小火煎至看到麵糊上起小泡泡時，就可以翻面了，待兩面都煎成金黃色時即可起鍋。

- 喜歡多些甜味，佐蜂蜜或撒些白糖粉在香蕉煎餅上都很棒。
- 喜歡一塊滿足的，可煎成大塊煎餅，喜歡小巧就每次倒一點，小塊煎餅慢慢煎即可。

19 /

竹筍野菇粥

竹筍粥要煮得好吃，首要選好筍真的是一門功夫，用當季的最好。

古早味鹹粥有媽媽的味道，實驗後我覺得適合用於煮粥的筍，只有口感鮮嫩清甜的綠竹筍，和量少口感比春筍更爽口的孟宗筍這兩種了。太太吃了竹筍粥後，勾起各種回憶，尤其想起小時候外婆煮給她吃的粥跟我煮的味道有點相像，氣味真的是有記憶的呀！

除了筍，菇類也是重點，我選了鮮香菇、鴻喜菇、杏鮑菇、蘑菇跟太太最愛的黃金六兩松阪豬搭配，主要是瘦肉不柴、嫩中帶脆，炒出它的香氣後加入白米熬煮成鮮甜的粥，整體口感軟中有嚼勁，入口很舒服。

食材
竹筍1支、新鮮香菇60g、鴻喜菇60g、杏鮑菇50g、
蘑菇30g、松阪豬肉80g、紅蔥頭30g、蝦米30g、
中芹帶葉15g、白米160g、水1500ml、泡蝦米水100ml

調味
鹽5g、白胡椒粉0.5g、醬油15g、橄欖油15ml

MEMO!

台灣一年四季都有產筍，春天桂竹筍、夏天綠竹筍、秋天麻竹筍、冬天孟宗筍，挑選竹筍主要以外型肥短較佳，通常越長越成熟，纖維也會較多，筍尖如果太綠代表見光太久，味道會帶苦味。以綠竹筍為例，筍身微彎品質較好，而麻竹筍則是直立狀。

1. 綠竹筍洗淨，去殼後切絲備用。

筍子好吃的前處理？

筍尖切去後，以刀刃小力從筍尖到底部斜斜的劃一刀，慢慢把筍殼剝去，只保留裡面白色鮮嫩筍肉，再修掉底部邊邊有些黃褐色的粗纖維，然後先切片再切成絲即可。

2. 新鮮菇類全用紙巾擦過，新鮮香菇、蘑菇切成薄片，杏鮑菇切絲，鴻喜菇切掉底部後剝成一朵一朵；紅蔥頭去皮洗過切薄圓片；中芹帶葉洗過切細末；蝦米洗過用小碗泡水，泡的水要留下；松阪豬肉切粗絲；白米洗淨、瀝乾水備用。

3. 起鍋，加入橄欖油以小火炒香紅蔥頭片，快上色前撈起紅蔥頭，留下油，放入蝦米炒至有香味時，放入松阪豬絲炒到上色，最後放入四種菇炒至菇出水縮小，再放入竹筍絲拌炒均勻。

4. 此時放入白米拌炒，鍋邊淋入醬油利用熱度嗆鍋氣，再加入水及蝦米水味道更好，開大火煮至滾開，過程中撈掉浮起的渣渣泡泡雜質。

5. 轉小火繼續慢煮約15分鐘後，依個人口味加鹽、白胡椒粉調味，以及炒過的紅蔥頭片、中芹菜細末拌勻即可。

MEMO!

使用隔夜飯煮粥也可以，只需將料炒好，加入水及飯拌勻再煮開調味即可。雖然用隔夜飯煮比較快，但味道及香氣不及白米炒過慢慢熬煮的好，想從白米煮一碗好吃的粥工序繁瑣，要有耐心喔！

高纖維食物是好東西？！

大家都知道「纖維」是好東西，每人每天都必須攝取足量，身體代謝才能保證正常，若能在日常飲食從天然原型食物中攝取是最好的，可以幫助腸胃蠕動、增進腸胃健康，更沒有負擔，然而高纖飲食對部份患者而言則需要有限制，必須酌量食用。

舉例來說，對於大腸癌或其他腸道疾病正在治療的病人，高纖反而會造成腸阻塞，即使是好食材也必須聽從醫囑建議飲食，想吃天然的高纖食物就必須待治療完成，腸道功能恢復後，再漸進式地執行高纖清淡飲食計畫。

這類型患者需要留意的是，健康食材不代表能無顧忌地吃，常見高纖食材有竹筍、牛蒡、地瓜、玉米、芋頭、蓮藕、蘿蔔、苦瓜、花椰菜、香菇、猴頭菇、花菇等，需控制食用份量；例如蔬菜煮熟一天不能超過三碗，堅果類食物一天只能食用自己的兩個拇指大的份量，這樣營養已足夠，不需要再多了。想了解詳細資訊請至衛生福利部國民健康署官網查詢。

我的餐盤手冊

Part 2

復刻媽媽味

愛的料理給足對抗疾病的安全感

20

樹子煎蛋

21
/

龍膽石斑西瓜綿魚湯

20 Recipe :

樹子煎蛋

剛結婚的時候，太太教我做了一道樹子煎蛋，是小時候岳母常做的家常菜，從奶奶一路傳承，可說是家傳料理，這煎蛋食材與手法是我第一次看到。

每次從台南買回來的樹子口味都有點不同，吃過樹子餅中混入水煮花生及薑片，也吃過加蒜頭的作法，就像不同家有不同喜好。樹子煎蛋真是台南特有的，太太在醫院治療這麼久時間，十分想念那味道，就像是也希望媽媽在身邊陪伴的感覺吧！這道菜裡有母親疼愛女兒的情感，材料做法其實很簡單，關鍵就是一定要用台南的樹子餅，簡單又有台南風味，真的很香、很下飯。

食材
雞蛋3顆、台南樹子餅45g、
青蔥15g、紅蔥頭7.5g、
蒜頭5g

調味
白胡椒粉適量、橄欖油20ml

樹子
樹子在台灣南北稍有不同的樣貌，之所以又叫破布子，有個說法是食用前必須熬煮醃漬，過程中果實會被煮破，很快就會凝結成餅狀，這是南部的樹子餅，又叫破布子餅。而我從小在北部超市看到的樹子都是醃漬的罐頭，偶爾會在北部傳統市場看到樹子餅，但顏色還是與南部有些差異，我想應該跟在台南帶回來的味道不一樣吧！

做法

1. 青蔥、紅蔥頭去皮、蒜頭去皮洗淨，全部切末，分開放備用。

2. 雞蛋打入碗中，再攪打成蛋液。

3. 樹子餅不用去籽，切成碎狀（這是太太台南家裡的做法）。

4. 起鍋放入10ml橄欖油，以中火將蒜頭與紅蔥頭末炒香，再放入切碎的樹子炒至香味散出時，加青蔥末拌炒兩下就先起鍋，與蛋液、加白胡椒粉一起攪拌均勻。

5. 另起鍋，倒入剩下的橄欖油，熱鍋先放入少許的樹子蛋液，兩面煎上色後起鍋試味道，鹹淡剛好就可續煎，若覺得太鹹可適量加半顆或一顆蛋液。重複作法將樹子蛋液至煎完即可。

4

MEMO!

- 如果買不到樹子餅，可以用醃漬罐頭的樹子，因為醃漬的籽比較硬，建議捏碎去籽後再料理，鹹淡依個人口味來調整樹子的份量。

- 樹子餅已經帶有鹹度，不用再加鹽。

21 Recipe :

龍膽石斑西瓜綿魚湯

沒試過西瓜綿就不知道它多迷人，是台南菜市場裡經典的醃漬食材。在台南會用西瓜綿來熬煮魚湯，可去腥味，酸酸鹹鹹的味道更能強調出魚肉的鮮美。也有人拿來煮排骨湯，但我覺得排骨的湯與酸味有點不適合，還是煮魚湯最好，能刺激食慾。

需要提振食慾時，我就是煮這道魚湯，用天然果香讓她開胃。特別選用龍膽石斑，能提供好的蛋白質，提升體力也增加肌肉，西瓜綿是我家冷凍庫的常備品，在家就能隨時吃到家鄉的魚湯味。

食材

龍膽石斑 120g、西瓜綿 100g、薑 30g、大蒜 30g、水 1500ml

調味

鹽 5g

西瓜綿

西瓜綿是古早味醃漬食品，並不是用常在市場看到的大西瓜做的，而是利用未成熟的小西瓜或瓜農淘汰的小果，以鹽醃漬，自然發酵而成，是古早時期不浪費食物、以醃漬保存食材的智慧。

做法

1. 薑去皮切片；大蒜去皮，再把頭部黑點去掉；西瓜綿切成薄片，備用。

2. 龍膽石斑剁成魚塊或切成魚片即可。

3. 準備一湯鍋，放入水、薑片、大蒜、西瓜綿，開大火煮至滾開，再持續煮到西瓜綿的酸味散出來，大蒜有點軟。

4. 放入龍膽石斑魚塊再度煮至滾開，此時可拿根筷子刺魚塊，若很容易穿透就表示熟透，最後以鹽調味即可。

MEMO！

如果買不到龍膽石斑也可換成鱸魚肉、無刺虱目魚、白帶魚塊；若用白帶魚，建議先把魚肉煎上色再去煮，魚湯味道會更好。

4

22

四神虱目魚丸湯

太太提及在學生時代，有段時間放學時總會遇到大雨，但在台南風雨交加的日子不多，所以沒有帶雨傘的習慣，遇到大雨就頂著書包衝回家，當然全身都淋濕了，而岳母以一位母親愛護兒女的心，思考如何讓孩子吃下祛寒的飲食、避免感冒，於是做出這道四神魚丸湯，讓他們暖身又暖胃。

一開始四神湯底算是大人的味道吧！孩子不愛，但山藥、茯苓、芡實、蓮子這四味藥材也無法直接拌入魚泥，愛子心切的岳母就請中藥行用機器打成粉末，再將整條去骨去刺的虱目魚剁成魚泥，拌入四神粉做成魚丸，煮出一碗簡單清爽的四神魚丸湯，撒點香菜或蔥花芹菜提香，孩子就願意喝下去，湯裡有母親滿滿的愛意，更是太太出院後念念不忘的湯品。

這次除了要完美詮釋媽媽味，更思考著，如果全是魚肉較不容易產生筋性，於是改良版我採用無刺虱目魚柳，搭配少許雞胸肉與四神粉調味拌成魚丸，口感更好，優質蛋白質含量也更高了，這道湯是岳母的獨門配方，現在更加上老公的愛囉！

食材

無刺虱目魚柳 150g、
雞胸肉 100g、薑泥 10g、
中芹 10g、香菜 5g、水 1ml

調味

鹽 10g、四神粉 15g、橄欖油 15ml

做法

1. 中芹放入煮開的水中燙 10 秒、
   撈起泡冷開水，濾乾水分，切成
   細末；香菜切碎，備用。

2. 將無刺虱目魚柳和雞胸肉分別剁
   成泥狀，與薑泥、中芹末、四神
   粉、橄欖油和 5g 鹽一起混合攪
   拌均勻，稍微用力攪拌會產生一
   點黏稠的筋性後，再以手利用虎
   口擠捏成丸子狀。

3. 準備一只小湯鍋，放入水煮至滾
   開，放入丸子煮至浮起表示熟
   了，在湯裡加入 5g 鹽調味煮勻
   後，放上香菜關火即可。

如果不喜歡虱目魚，也可用鱸魚肉替代，需要先去掉魚皮後再剁成泥狀，其餘材料都一樣即可做成四神鱸魚丸湯。

⫸ 營養師 Point ⫷

台灣小吃常見的四神湯，湯底主要由山藥、蓮子、芡實和茯苓四味食療藥材組成，味道甘淡溫和，四神藥材最大的功效就是消水腫，可以消除疲累感、增強體力、幫助維持消化道機能，是適合全家大小食用的保健湯品。但若是口腔黏膜受損者，請不要在熱燙時飲用。

23
/
菱角排骨湯

24
/
絲瓜胡麻油蛋麵線

23 Recipe :

菱角排骨湯

每年九月開始就是菱角的盛產季，每次經過官田，就會看到菱角田兩側整條路都在賣菱角，小時候常聽到划著船兒採紅菱這首大家耳熟能詳的歌曲，真實見到才知道原來是在唱採菱角的場景啊！這時如果回台南，岳母知道我喜歡吃菱角，我們就一定會喝到菱角排骨湯，邊說著趁產季吃當令能滋補元氣，吃了有飽足感，所以煮菱角排骨湯時，當餐就不一定會煮白飯，菱角熱量低，感覺替代白飯更健康，後來就連太太也愛喝了起來。

我上班出門前，常會事先用電鍋燉煮一鍋，太太隨時想吃就有，是比較方便又不用顧火的作法。煮湯時不能少了香菜好朋友，這味和菱角排骨湯簡直絕配。

台灣菱角

台南官田是台灣菱角最主要的產區，菱農大多都是在菱田推舟，兩頭彎彎翹起的菱角果實，很像紫色元寶，盛產期集中在每年秋季 9-10 月，因菱角購買有季節限定，如果想拉長食用時間，可以一次多買一些，去掉外殼後以保鮮袋分裝，冷凍保存，最多可存放半年，烹煮前拿出來快速沖水洗淨，不用退冰馬上放入水中煮湯即可。

食材

去殼菱角300g、排骨500g、
薑片60g、香菜5g、水1500ml、
燙排骨的水1500ml、
外鍋水2杯（量杯）

調味

鹽7g、白胡椒粉2g

做法

1. 準備一只湯鍋，冷水入鍋放入排
   骨，以大火煮至滾開狀態，關火
   將排骨撈起，用清水洗乾淨排骨
   的血漬，備用。

2. 去殼菱角沖洗乾淨，如有帶皮需
   要用手去搓洗，多換幾次水才會
   乾淨，備用。

3. 準備內鍋，放入排骨、菱角肉、
   薑片及水後，放入電鍋裡，外鍋
   放2杯水，按下開關煮至開關跳
   起，暫不開蓋，先燜約15分鐘。

4. 打開鍋蓋，加入鹽、白胡椒調
   味，試試味道，也試一下菱角
   肉鬆軟度，覺得可以就能取出
   加入香菜，這會讓湯提香變得
   更有味。

《 營養師 Point 》

菱角是含高纖的優質複合式澱粉，吃了
有助腸道蠕動，可預防便祕，本身含鉀
量高，雖可以幫助排水腫，但腎臟病人
需慎食。

MEMO!

如果想讓菱角更鬆軟一
點，電鍋外鍋可多加半杯
水，煮至開關跳起即可。

絲瓜胡麻油蛋麵線

麻油是台南安定鄉的名產，絲瓜是夏日必嚐的清爽美食，我將清香的胡麻油與絲瓜麵線結合，對身為台南人的太太來說就是經典的懷舊料理。

剛出院時，醫師交待調理身體是必須的，但暫時不能吃太補的食物，雖然原先都是用黑麻油來做這道料理，但礙於黑麻油的苦燥，我選擇採用低溫壓榨的胡麻油，味道較清淡但帶有芝麻堅果香，不用特別的調味就清甜爽口，入秋時吃也很適合。我們倆都覺得不管什麼時候，只要有這道菜就好有家的感覺喔！

黑麻油

黑麻油不一定是黑芝麻做的喔！黑白芝麻都可以製成深色、淺色的胡麻油，而胡麻油和黑麻油的差異，主要在於焙炒溫度的不同，胡麻清油焙炒溫度約 120-160 ℃，適合用在煎、炒、涼拌，而黑麻油焙炒溫度則約 180-200 ℃，適合用在大火快炒或燉煮食補，像是麻油雞、麻油腰子、薑母鴨等，胡麻油、黑麻油都是台南安定鄉的名產，農會裡有很多好品質的麻油提供大家挑選。

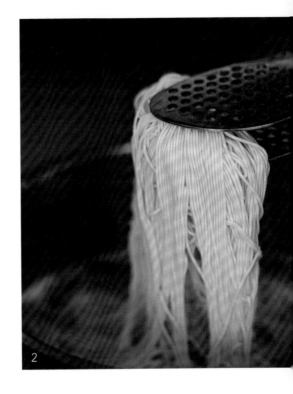

2

食材

絲瓜250g、麵線1把、水800ml、
雞蛋2顆、薑30g、枸杞5g

調味

鹽2g、研磨黑胡椒碎少許、
胡麻清油30ml

做法

1. 絲瓜用刨刀削去綠色的皮，洗淨
   後切塊；薑切絲；枸杞泡冷水，
   備用。

2. 麵線先用熱水燙過，稍微用筷子
   撥一下麵線，浮起就可撈起，瀝
   乾備用。

3. 準備一只不沾鍋，放入胡麻清油
   以中火加熱，打入2顆雞蛋兩面
   煎上色且熟即可先取出。

4. 原鍋放入薑絲炒香，再放入絲瓜
   塊略拌炒均勻後，加入水煮至滾
   開，放入煎好的雞蛋及麵線拌
   勻，最後再加入枸杞煮開後試一
   下味道，如果覺得鹹淡適宜，就
   不用調味，如覺得味道不足，就
   加入鹽和研磨黑胡椒調味即可。

MEMO!

- 如果採用乾麵線可直接
  放到湯裡煮，如果是傳
  統麵線因本身有鹹度，
  建議事先燙一下過水，
  以免太鹹。

- 食譜裡的麵線雖是乾麵
  線，但因為太太不能吃
  太鹹，所以無論我用傳
  統和乾麵線都會事先煮
  過，若味道不足再調味
  補充。

25 /

紅蘿蔔烘蛋

太太說小時候會幫忙家附近的紅蘿蔔田採收，紅蘿蔔是便宜又營養成分高的食材，岳母為了給小朋友補足營養，常會做紅蘿蔔炒蛋，為了怕孩子挑食還加入紅蔥頭及青蒜苗提香，風味與顏色都跟紅蘿蔔超搭，所以從小到大都喜歡吃。後來岳父母也種了紅蘿蔔，現採紅蘿蔔選擇帶綠葉梗的最新鮮，含水分高也較甜，帶皮吃也可以。我想到西餐裡有多種烘蛋作法，拿新鮮胡蘿蔔來做烘蛋最好吃了，所以把原本的紅蘿蔔炒蛋改成厚厚的烘蛋，口感不一樣，太太說煎一個烘蛋她就可以配兩碗飯。每當不知道煮什麼的時候，我就會做個烘蛋，是一道老少閒宜的健康好菜。

食材
紅蘿蔔150g、雞蛋4顆、
紅蔥頭30g、青蒜苗30g

調味
鹽5g、研磨黑胡椒碎少許、
橄欖油45ml

做法
1. 新鮮紅蘿蔔去蒂頭後刨絲；紅蔥頭切碎；青蒜苗切絲備用。
2. 雞蛋一次一顆打入碗中，打散成蛋液備用。
3. 準備一只耐熱可放入烤箱的鍋，放入15ml橄欖油以中火炒香紅蔥頭碎，放入紅蘿蔔絲、青蒜苗絲一起炒軟後，加入鹽、研磨黑胡椒碎拌勻。
4. 加入橄欖油以中火加熱，倒入蛋液以順時鐘攪拌至快凝固時，翻面，取出放入已預熱180℃的烤箱中烘烤上色即可。

MEMO!

放入烤箱是因為油遇到高溫，會讓蛋產生膨脹效果，烘蛋的高度就出來了。若沒有烤箱，仍可用不沾平底鍋煎熟，雖口感跟烘蛋不同，但一樣美味。

26 /

台南雞捲龍鳳腿

南台灣的古早味雞捲是由魚漿、蔬菜、豬肉以豬油網包裹好油炸而成。追溯到台灣早期的農業社會，當時為了不浪費食材，人們會將肉類與其他剩餘食材混合包裹起來，或炸、或蒸做成一道菜。

現在坊間雞捲是普遍的小吃，從北到南做法內餡都不太一樣，北部雞捲內餡較偏重豬肉、魚漿和蔬菜，多用香料和胡椒調味，也有人稱其為五香雞捲，不拘於以豬網油或腐皮製作，口感較為酥脆。

我岳母所教的是南台灣的雞捲，又叫龍鳳腿，也有人說肉卷，因為做起來費工，通常節慶時才會出現在餐桌上。先是選擇新鮮的豬網油，泡水換水至少三次來去腥，包裹內餡有豬肉、洋蔥、荸薺、高麗菜、豆子、玉米與魚漿的葷素搭配組合，用少許醬油調味，這是太太最喜歡的雞捲味道，我必須完美復刻。

食材
豬網油220g、豬絞肉180g、魚漿100g、洋蔥80g、紅蘿蔔30g、玉米粒45g、荸薺50g

調味
醬油15ml、白胡椒粉少許、五香粉2.5g、葵花油30ml

做法

1. 將買回來的豬網油泡冷水，水要蓋過豬網油，約半小時換一次水，總共換約3次，用意在去腥，然後以廚房紙巾吸乾水分備用。

2. 洋蔥、紅蘿蔔去皮洗淨切碎；去皮荸薺買回來時先泡在水裡，要用時擦乾後切丁。

3. 將豬絞肉、魚漿、洋蔥碎、紅蘿蔔碎、荸薺丁、玉米粒攪拌均勻，再加入醬油、五香粉、胡椒粉調味同時也攪拌均勻。

4. 將豬網油用剪刀剪成15×15cm約5片，取一片放盤子上鋪平，在中間放上拌好的做法**3**內餡，慢慢捲呈長條狀包裹固定好，重覆此動作將5片豬網油全部包完。

5. 準備電鍋，外鍋放半杯水，再將包好的雞捲連盤子一起放入電鍋中，加蓋按下開關，蒸煮至開關跳起後再燜10分鐘取出。

6. 準備一只鍋，放入葵花油以中火燒熱，放入做法**5**雞捲煎至兩面上色即可取出盛盤，切片享用。

1

3

4

4

在南部很有可能每一家的雞捲內餡都有一點差異,你也可以將喜歡吃的都包進去,創造自己的味道。

⫶ 營養師 Point ⫶

大家常說炸物不健康,其實病人有食慾能吃下去都是好事,不適合吃的原因是炸物酥脆的外表,會讓口腔黏膜脆弱的化療病人口腔更容易破裂,但如果化療藥物沒有嘴破的困擾,能正常飲食者則可適量食用,畢竟有時油炸物的香氣會讓病人有胃口多吃一點,多攝入一些熱量和營養。

27 /

炸鹹年糕春捲

這道是每逢過年回台南,太太都會吵著要吃的一道年菜,聽太太說,這是至少40年前,每逢年節奶奶會做很多很多的紅豆年糕,分給媳婦及小孩,那是一個家家戶戶都會年糕過剩的時代,從小吃到大,不吃還會覺得過年少一味,吃久又會膩的感覺,所以長輩們變化創新讓紅豆年糕甜混鹹,加上鹹菜、香菜增添鮮味,外酥內軟,鹹甜鹹甜的毫無違和感,反而更美味了。以下做法是太太口述我再實驗的版本,現在已經沒辦法吃到岳母的手藝了,但我很願意做給太太吃,算是療癒炸物吧!

 食材
紅豆年糕120g、餛飩皮12張、
鹹菜60g、香菜20g、
中筋麵粉30g、水10ml

調味
葵花油100ml

做法

1. 鹹菜先清洗,再用可蓋過鹹菜的水浸泡約20分鐘,撈起擦乾後切絲備用。

2. 香菜清洗濾乾後切成約2cm段狀;中筋麵粉加入水,用筷子攪拌調成無顆粒的麵糊狀。

3. 紅豆年糕切成寬不能超過餛飩皮、厚度0.5cm的條狀,然後放在餛飩皮的中間,上方放上鹹菜絲及香菜,餛飩皮從左右摺起,往中間包起來,再用麵糊黏住收口。

4. 準備一只鍋,放入葵花油以中火燒熱至有油紋時,放入包好的年糕以半煎半炸的方式讓表面呈金黃酥脆即可。

28 /

炸紅麴肉

古早味紅麴肉是太太相當喜愛的一道菜,基本上回台南必吃,因為紅麴肉看起來很難,在太太生病之前,我真的從來沒想過在家自己做。後來太太真的很喜歡,我就學著做,也請岳母在台南幫忙問問配方,無奈每家店都有自己不能說的秘密,所以有一陣子我回台南都跑黃昏市場買紅麴肉來試吃,再不斷試做,感謝岳母的大力支持讓我們終於找到自己的配方。一開始口味偏鹹,配飯吃還可以,慢慢將調味份量降一點,也改成用煎的,會有獨特香氣,我發現其實重點在「醃」,煎炸皆可簡單就成功的味道,分享給大家。

紅麴

很多人都說紅麴是藥食同源的食材,其實營養師說用在料理中的天然食物劑量很少,所以其實在菜色中的紅麴並不具療效,請大家放心吃,而且因為顏色很漂亮,可以刺激食慾,看得開心、吃得開心,不用怕。

食材

五花肉 600g、蒜末 20g、地瓜粉 120g、葵花油 150ml

調味

鹽 5g、糖 30g、五香粉 2g、白胡椒粉 5g、醬油 15ml、紅麴醬 120g

做法

1. 五花肉洗淨擦乾,去掉豬皮,用叉子將五花肉戳洞方便好入味。
2. 將所有調味與蒜末裝入大碗中攪拌均勻成醃醬。
3. 將戳洞的五花肉放入醃醬,手抓醃均勻,確認肉都裹上醃醬後,放入冰箱冷藏室約 1 天,讓五花肉入味。
4. 隔天將五花肉取出,先去掉裹在五花肉上過多的醬,再平均沾裹地瓜粉,靜置 10 分鐘讓地瓜粉返潮,這樣炸口感才會脆。
5. 起鍋,放入葵花油以中火加熱至油冒小泡泡時,放入紅麴肉慢慢炸至上色,再翻面一樣炸到上色,取出涼一下。
6. 此時油鍋轉大火拉高油溫,再將剛剛的紅麴肉重新放入炸至酥脆,即可取出濾油,食用前切薄片即可。

MEMO!

不想吃肥肉可以換成梅花肉，
是豬的胛心肉，口感軟嫩適中
也有豐富肉香；或是豬松阪，
就是豬頸間部位，肉質甜美、
吃起來脆口有嚼勁。

皇帝豆排骨湯

食物對太太來說不僅僅只是食物，還包含很多回憶，每次看到皇帝豆都會讓她想起以前每到皇帝豆產季，回南部家時就會看到岳母拿著大大的豆莢在拔豆，我們也會幫忙，當天晚上就能喝到這道用電鍋煮、快速又清甜好喝的排骨湯。住院期間太太一直在想小時候的味道，全是岳母煮給她吃的料理，家常菜也許不是最美味，卻是陪伴支持她熬過治療的溫暖力量，是最值得回味的深切記憶。

食材
皇帝豆200g、豬小排骨200g、
內鍋水1500ml、
外鍋水2杯(量杯)、薑片30g、
香菜段5g

調味
鹽10g

做法

1. 排骨放入水中先汆燙煮出排骨血水，水面浮上一層浮渣後撈起，清洗乾淨。
2. 將排骨、皇帝豆、薑片與水一起放入內鍋，再放進電鍋裡，外鍋放2杯水，蓋上電鍋蓋，按下開關煮至開關跳起後再燜20分鐘。
3. 打開電鍋蓋，以鹽調味後，再加入香菜段即可。

皇帝豆

皇帝豆名為「萊豆」，又名白扁豆，產期於11月至隔年5月，它跟四季豆、菜豆這類豆類蔬菜不一羨，皇帝豆只吃種子，豆莢纖維過粗無法食用。其營養成分高，是豆類中的皇帝，能補充蛋白質、纖維、穩定血糖，也是高鐵食物能預防貧血，所以在皇帝豆的盛產季時，我都會跟太太說多買一些放在家裡的冷凍庫，多預備一點沒關係，想吃就有。

MEMO!

可以在皇帝豆產季時多買一些回家，分裝放冷凍保存，想吃的時候無需退冰，直接就可拿出來燉煮。

30 /

金瓜炒米粉

記憶中每一位媽媽都有自己的家傳炒米粉食譜吧！太太說吃不下時來碗媽媽牌金瓜炒米粉，就夠營養了，印象中我岳母的媽媽味有著豐富材料，有蝦米、紅蔥頭、香菇、紅蘿蔔、洋蔥、金瓜、高麗菜、肉絲、醬油，全部炒香和米粉一起拌勻燜炒真是絕配，真的非常美味，看似簡單的料理其實洗洗切切很費心思，充滿愛的食物是最容易讓親人之間產生共鳴的連結，總是揉合了情感與回憶。

食材

金瓜250g、紅蔥頭20g、
洋蔥60g、紅蘿蔔60g、
新鮮香菇50g、高麗菜100g、
芹菜30g、蝦米30g、
五花肉絲100g、米粉1片、
水500ml

調味

鹽5g、糖5g、白胡椒粉2g、
醬油30ml、蠔油20ml、
葵花油60ml

做法

1. 米粉沖過水放著備用。
2. 蝦米用可以蓋過蝦米的水浸泡一下，撈起蝦米過濾，泡的水留下來不要倒掉。
3. 金瓜洗過削皮，切成2.5cm寬的條狀；紅蔥頭切片；洋蔥切絲；紅蘿蔔去皮切片後再切絲；新鮮香菇切絲；高麗菜切絲；芹菜切末。
4. 起鍋，放入葵花油加熱，以中火爆香紅蔥頭、蝦米及五花肉絲後，放入洋蔥、紅蘿蔔絲、新鮮香菇絲、金瓜絲、高麗菜絲拌炒均勻，再加入蠔油、鹽、糖、白胡椒粉調味拌勻。
5. 同一鍋，加入水與泡蝦米的水拌勻，此時放入米粉開大火加蓋微燜一下約1分鐘，打開鍋蓋嗆入醬油，放下芹菜末，用筷子將米粉與所有配料通通拌均勻即可盛盤。

MEMO!

- 泡蝦米的水不要倒掉，炒米粉時使用可增加鮮味。
- 最後加入適量醬油，在大火快炒時下醬油會超香，
  這就是鍋氣。

31 /

家鄉滷肉

某年回台南時,太太和小姨子們在廚房圍著滾燙的鍋爐,熱氣騰騰的鍋子裡正滷著肉,飄散出來的味道真香,太太那時叫了我說:「媽媽這滷肉口感絕佳,快來嚐一口吧!」我趕快過去吃了一小塊滷肉,哇～肉質鮮嫩,好吃到真想來碗白飯,一直到現在我還是念念不忘那滋味。還好太太有口述作法,我也做過幾次,雖然太太稱讚我做的已經很好吃,但我總覺得少了什麼,應該就是少了媽媽的味道吧!我們相信每個家的家傳滷肉都有著治癒人心的力量。

食材

豬五花肉600g、薑20g、蒜頭20g、豆輪100g、八角5g、肉桂5g、月桂葉2片、水1200ml、汆燙水600ml

調味

醬油250ml、黑胡椒粒0.5g、五香粉2.5g、細砂糖80g、葵花油15ml

做法

1. 豬五花肉洗淨,切成3×3cm小塊狀;薑和蒜頭都用刀輕拍,備用。

2. 準備一湯鍋,加入汆燙水煮開後,放入豆輪燙約5分鐘後撈起,這樣可以去除過多的油脂。

3. 熱鍋,加入葵花油爆香蒜頭、薑,再加入豬五花塊煎炒至豬肉表面變色,加入八角、肉桂、月桂葉、黑胡椒粒、五香粉拌炒均勻且香氣飄出,再加入細砂糖拌炒出糖棕色,也讓豬肉裹上焦糖色。

4. 同一鍋,再加入醬油、水煮滾後,放入豆輪煮至再度滾沸時,轉小火燉煮約1小時,用筷子試一下肉,如果肉很容易就穿刺就表示滷透了,可以關火盛盤享用。

MEMO!

如果不喜歡豆輪可以替換成油豆腐，或是不用加，光滷肉就很好吃。

Part 3
營養好食力
刺激味蕾的投餵力抗病中無食慾

32 /

老爸的味噌豬五花

這是我老爸最愛吃也最拿手的一道菜,我和太太剛認識時,他就是用這道菜來幫我加分。濃郁味噌加上肥而不膩豬五花,調味得恰到好處,老爸端上桌時總會用台語說句:好菜上桌!空氣中瀰漫著味噌的香味,很快就抓住太太的味蕾,老爸也把這道菜傳授給我。直到現在我們都很想念老爸炒的口味,太太病後想吃,就只能由我來做了。雖然真的很下飯,還是欠了一味的感覺,其實我邊做邊在心中想著老爸,想著總有些滋味只能停留在回憶裡。

食材
豬五花肉200g、鴻喜菇60g、
青蔥60g、洋蔥45g、
紅蘿蔔50g、蒜頭15g、
水150ml、燙紅蘿蔔水200ml

調味
味噌45g、味醂15ml、
葵花油15ml

做法

1. 洋蔥切絲;青蔥切段;蒜頭切成片;豬五花肉切成約0.5cm厚片,備用。

2. 紅蘿蔔去皮切薄片,放入滾水中燙煮約2分鐘,撈起濾乾水分,備用。

3. 準備小碗將味噌、味醂與水攪拌均勻成味噌醬,備用。

4. 起鍋,放入葵花油以中火炒香豬五花,煸出多餘油脂且外表上色,再放入洋蔥絲、蒜頭片、青蔥拌炒均勻,此時加入味噌醬拌炒至肉熟透,最後放入燙過的紅蘿蔔片拌炒均勻即可。

MEMO!

如果不喜歡油脂太多
的豬五花肉,可以換成
豬梅肉,作法一樣。

33

牛蒡牛肉絲

34

白帶魚米粉湯

33 Recipe :

牛蒡牛肉絲

太太很愛吃日本料理，牛蒡是日料中常見的食材，每次從醫院回家時，太太都會點這道菜，我原本並不是很喜歡這味道，後來知道牛蒡很營養，可以提升免疫力，發現搭配壽喜燒醬的味道跟牛肉一起炒，更香更好吃，我才愛上，之後都在家自己煮著吃。

牛蒡我會去大型超市挑選鬚根少的新鮮牛蒡，若有太多的鬚根代表鮮度不足，如果購買當天沒煮，可以用乾淨紙張包覆，保持乾燥放冷藏保存，2-3天內盡快烹調完畢。

食材
牛蒡160g、無骨牛小排200g、
薑絲10g、蒜末10g、洋蔥45g、
紅辣椒10g、水60ml、
泡牛蒡水500ml

調味
壽喜燒醬60ml、
研磨黑胡椒碎少許、白醋10ml、
葵花油30ml、白芝麻2.5g

MEMO!

壽喜燒醬可以自己做，比例為日式醬油、味醂、糖、水＝1:1:1:2混合煮至滾開，待涼即可，如果覺得味道太甜或太鹹，可以依自己喜好調整比例。

1. 用刀背刮除牛蒡表皮後，先用刀尖以直條方式劃刀牛蒡肉身（不切斷），很密集約0.2-0.3cm就劃一直刀，再用刨刀削牛蒡成約5cm長的薄片，這樣就會得到很細很薄的牛蒡絲。

2. 牛蒡絲泡在加入白醋或或檸檬汁的水裡，防止氧化發黑，料理前再沖水濾乾。

3. 紅辣椒去籽切細絲，泡水讓紅辣椒絲捲起；洋蔥切細絲；無骨牛小排切絲，備用。

4. 起鍋，先加入一半葵花油以中火拌炒兩下牛肉絲就先取出，清洗鍋子後，熱鍋，再加入另一半葵花油以中火炒香蒜末、薑絲、洋蔥絲至上色，再放入牛蒡絲快速拌炒均勻。

5. 最後，將炒好的牛肉絲重新加入，再以壽喜燒醬、研磨黑胡椒碎、水調味拌炒至收汁，即可盛盤，撒上白芝麻及紅辣椒絲。

1

34 Recipe:
白帶魚米粉湯

這道是我和太太去貢寮漁港小吃店裡吃到的古早味，不愛吃魚的我，在喝下第一口湯時就愛上了，之後我們會為了吃這一碗鮮美好味開兩小時車都不覺得累，熟識後，聽老闆說這是一道討海人填飽肚子的料理，尤其冷冷的天出海回來，吃熱呼呼的湯米粉身心都飽足。

幾次之後，我和太太在家裡研究試做了起來，當然新鮮白帶魚是最重要的，但烹調的精髓是先要把白帶魚煎得酥脆，煎過的白帶魚外酥內嫩，配上夠味的青蒜融入這有魚鮮味的米粉湯裡，吃下一口真的香呀！

全書海鮮都採用無料理米酒的配方，所以我用煎過的魚來煮湯較沒有腥味，而且煮湯時肉質不容易鬆散破碎，能讓湯頭更香。

食材

白帶魚180g、娃娃菜80g、
紅蘿蔔60g、新鮮香菇45g、
青蒜苗40g、紅蔥頭15g、
米粉100g、水1200ml

調味

鹽2.5g（醃魚用）、鹽2.5g（調味用）、
醬油15ml、橄欖油60ml

MEMO!

如果不喜歡白帶魚，
可以用白鯧、黃魚這
類少刺、肉質細緻的
魚替換都很適合。

做法

1. 娃娃菜洗過切成5cm段；紅蘿蔔去皮，先切片再切絲；紅蔥頭去皮，切圓片狀；新鮮香菇去蒂後切絲；青蒜苗切片狀，備用。

2. 白帶魚洗過擦乾，魚肚裡也要清洗得很乾淨，再切成5×5cm段，魚身撒上鹽醃漬約30分鐘，備用。入鍋煎之前，怕太鹹可用清水洗過，再用廚房紙巾吸乾水分。

3. 起鍋，放入一半的橄欖油以中火煎白帶魚至兩面煎上色，取出待用。

4. 另起一鍋，放入剩下的橄欖油，先以中火炒香紅蔥頭，再放入新鮮香菇、紅蘿蔔、娃娃菜拌炒至香味出來，鍋邊嗆入醬油出香氣。

5. 將水放入做法4鍋中煮至滾開，放入煎過的白帶魚繼續煮滾，此時放入米粉拌均勻，加鹽調味，最後放入青蒜苗片拌均勻即可。

35 /

彩椒松阪豬

我是都市長大的小孩,當知道太太小時候家裡養過豬,並說:「由豬吃飯時所發出的聲音,可知豬吃得很享受。」覺得這也太厲害了吧!太太最喜歡松阪豬吃起來有嚼勁又脆脆的口感,取自豬隻的頭頸間部位,覺得是豬肉中的最佳部位,每頭豬只有兩片,又有人稱之黃金六兩。我為了葷素搭配,選擇有豐富膳食纖維及維生素C的彩椒搭配松阪豬薄片,每次想吃這道菜時我們都會去彩椒園自己採,太太特別喜歡這樣可以運動又新鮮的農家趣。

食材
松阪豬200g、紅甜椒150g、
黃甜椒150g、鴻喜菇60g、
蒜片20g、水60ml

調味
醬油15ml、
研磨黑胡椒碎0.5g、
橄欖油15ml

做法

1. 松阪豬逆紋切成0.5cm片狀;紅黃甜椒洗過擦乾、切成三角片狀;鴻喜菇拆成一小株一小株備用。

2. 起鍋,放入橄欖油以中火燒熱,放入松阪豬肉片炒至上色,再放入紅、黃甜椒及蒜頭片一起拌炒至有香味散出時,加入鴻喜菇炒熟,鍋邊嗆入醬油因熱產生好香的鍋氣,再加入研磨黑胡椒碎,加水拌炒一下即可。

MEMO!
豬松阪要斜刀逆紋切片,也不能切太厚、口感比較好,如果想吃重口味可以再加沙茶醬或XO醬。

36

巧克力咖哩雞

37
馬告鱸魚湯

巧克力咖哩雞

我們家喜歡吃的是日式咖哩，因為添加了蔬菜熬煮成的咖哩塊，風味甘甜又不辣，但我的好吃秘訣是用甜味和中辣兩種不一樣的咖哩塊一起熬煮，出來的味道更為濃醇，較不甜膩，還有最重要的秘密武器，就是加一點黑巧克力。

其實將濃郁的巧克力運用在料理中不常見，我是以前在亞都麗緻大飯店工作時，看見外國主廚把巧克力加在紅酒燴牛肉裡，就想到應該也可用在咖哩中，選用品質很好的黑巧克力能更為凸顯風味，讓口感層次更加豐富。

食材
中辛日式咖哩塊2小塊（60g）、
甘味日式咖哩塊2小塊（60g）、
去骨雞腿肉250g、洋蔥120g、
馬鈴薯150g、紅蘿蔔120g、
水800ml

調味
鹽2.5g、研磨黑胡椒碎少許、
70%黑巧克力20g、橄欖油30ml

巧克力
其實咖哩中的香料和巧克力的苦味非常匹配。

做法

1. 洋蔥、馬鈴薯、紅蘿蔔洗淨去皮，全部切成滾刀塊，備用。

2. 去骨雞腿肉洗淨擦乾，切成3x3cm，加入鹽和研磨黑胡椒碎抓一下略醃備用。

3. 起鍋，放入一半的橄欖油以中火燒熱，將做法**2**的去骨雞腿肉塊以雞皮朝下方式放入鍋中，固定不動先煎上色後再翻面同樣煎上色，再放入洋蔥塊炒至洋蔥上色。

4. 另起一鍋，放入剩下的橄欖油燒熱，放入馬鈴薯塊及紅蘿蔔塊煎上色，取出備用。

5. 在煎雞腿肉塊的鍋裡加水煮至滾開，放入煎過的紅蘿蔔和馬鈴薯拌勻混合，持續煮至滾開，加入兩種口味的咖哩塊拌至全部融化且均勻，轉中火慢慢把全部食材煮熟，最後加入黑巧克力塊，慢慢地融化在咖哩醬汁裡拌勻即可。

MEMO!

- 用叉子或筷子如果很容易刺入雞塊、馬鈴薯、紅蘿蔔中心，就表示熟了。
- 如果想吃牛肉口味，可以換成牛腩，做法一樣但烹調時間需要拉長。
- 完全不吃辣可直接用兩份甘味咖哩塊，做法相同。

馬告鱸魚湯

這道湯是太太的飯店同事研發出來的,當時帶我去品嚐試菜,好喝到我看著乳白色的魚湯,想了想,就去市場買了條鱸魚回家試做。試做前,特別跑了一趟苗栗向天湖的原住民部落,那時7月剛好是馬告的產期,才知道原來馬告採收的當下是青綠色,放至熟成顏色會逐漸轉黑。

我用魚骨、魚頭以大火加上馬告熬成乳白色魚高湯,這高湯是真的沒魚腥味,再請太太來試看味道是否正確,一開始馬告、蝦米味道還差一點,經過幾次討論試喝與修正,也請太太幫忙詢問找出湯頭精髓,我才抓到那味道最棒的感覺,最終在太太出院時,我把做好的魚湯端出來,歡迎她回家。

馬告

馬告是泰雅族語又叫山胡椒、山雞椒,是台灣原生種的香料植物,可以算是原住民特色料理中最常加的辛香料,有著檸檬與薑、胡椒綜合的特殊香氣,可以去除腥味、刺激唾液以及提升食慾,所以在休養期間太太若食慾不振,我就會煮這一道。

鱸魚1尾、薑片20g、
紅辣椒20g、杏鮑菇100g、
筍子60g、娃娃菜60g、
水1500ml

鹽5g、馬告10g、葵花油15ml

1. 鱸魚清洗乾淨，魚肚裡也要沖乾淨，再切成塊狀，備用。
2. 紅辣椒切成4cm長段；娃娃菜切成4cm段狀；杏鮑菇切片；筍子切片，備用。
3. 準備一只可以煎的湯鍋，加入葵花油燒熱，放入鱸魚塊以中火煎至兩面上色、再放入薑片、筍子、娃娃菜、紅辣椒、杏鮑菇一起煎炒上色。
4. 加入水及馬告轉大火煮至滾開，再持續大火熬煮約15分鐘，直到出現乳白色的湯色時，以鹽調味即可。

MEMO!

如果不喜歡鱸魚，也可以換成石斑魚，不能吃辣可以把紅辣椒拿掉，重點在熬煮時都用大火較容易煮成乳白色的魚湯。

38

大蒜橄欖油鮮蝦

配麵包

39

番茄肉醬義大利麵

38 Recipe :

大蒜橄欖油鮮蝦配麵包

這是我5年前在西班牙米其林餐廳實習時學到的第一道料理，也算是西班牙國民小吃，調味只有適量鹽巴就能提鮮，短短幾分鐘就能烹調好的下酒美食。

太太剛出院時，胃口一直不好，老覺得嘴淡，就想吃這道開胃小品，我事先詢問醫生：「是否可吃鮮蝦？」醫生說：「海鮮只要新鮮且全熟，就沒有問題。」當時太太可高興了，我們一起開車去離家最近的漁港市場買鮮蝦，挑選好的橄欖油以及有機大蒜，烹調技巧就在油溫的控制，調味鹹淡依個人喜好，吃了就知道真的是愈簡單愈美味。

食材
大白蝦250g、蒜頭30g、
新鮮辣椒15g、長棍麵包4片

調味
鹽5g、研磨黑胡椒碎0.5g、
橄欖油100ml

MEMO！

大蒜橄欖油鮮蝦必須要開大火燒熱鍋和油，蝦剛放入拌均勻就立刻關火，此時蝦肉剛好熟才有彈牙口感，如果太慢關火，白蝦肉熟透了口感會太硬，蒜片也會太黑，影響賣相。

做法

1. 大白蝦剝去蝦頭及殼，留尾巴，再從身體的第一節處用牙籤去剔除腸泥，以鹽、研磨黑胡椒碎醃漬15分鐘，蝦頭留下備用。

2. 蒜頭、新鮮辣椒洗淨擦乾，切薄片備用。

3. 起鍋，放入橄欖油及蝦頭以小火慢慢加熱，將蝦頭煎炸成紅色，同時用鏟子把蝦頭搗成碎，過濾出蝦油後放冷。

4. 另起一鍋，放入做法3的蝦油與蒜片，以小火加熱至蒜片微上色時，轉大火將醃過的大白蝦及新鮮辣椒片加入，拌炒均勻即可盛出。

5. 將長棍麵包片放入乾淨的鍋中乾烙至兩面上色，也可以用烤箱烤上色，然後就可以搭配著大蒜橄欖油鮮蝦一起享用。

番茄肉醬義大利麵

太太一直覺得義大利肉醬跟香菇番茄肉燥根本就是遠房親戚，故事是這樣的，某天早上我們一起去附近市場的二樓麵攤吃早餐，太太點了香菇番茄肉燥麵，覺得很好吃，還說乍看之下有點像義大利肉醬麵的翻版，就差在味道不一樣跟飄了幾根小白菜，但賣相真的很相似。所以，太太就和我說：你看，我喜歡番茄義大利肉醬麵不是沒原因的啦！

出院時，醫生特別交代很多能吃、不能吃的飲食衛教，我想太太吃的食物與健康息息相關，想吃得安心我就自己做吧！這道肉醬跟餐廳配方不一樣，我用大量的新鮮番茄切碎，搭配太太愛吃的松阪豬肉手工切成小碎丁，還有家裡種的新鮮香草及辛香料去熬煮，不只健康滿分，還因為針對太太的喜好著手，吃對營養也有滿滿的愛心。

食材

豬松阪肉160g、新鮮牛番茄
120g、蘑菇60g、洋蔥40g、
蒜末15g、新鮮羅勒葉5片、
義大利麵150g、煮麵水1500ml

調味

鹽5g、鹽 (煮麵用)8g、
研磨黑胡椒碎0.5g、
番茄醬100g、義大利香料2.5g、
橄欖油15ml (煮麵用)、
橄欖油15ml (肉醬用)

- 如不喜歡松阪豬，可以換成一般的做法，牛絞肉和豬絞肉為2:1比例。

- 炒麵時放些煮麵水進去可以增加麵條的澱粉濃度，使醬汁更容易附著在義大利麵條上。

做法

1. 豬松阪切成約0.5×0.5cm小丁狀；新鮮番茄去籽和皮，與洋蔥、蘑菇全都切成0.5x0.5cm小丁狀；新鮮羅勒葉切絲，備用。

2. 起鍋放入橄欖油，以中火炒香豬松阪肉丁至上色，再加入蘑菇拌炒至表面焦黃，放入蒜末、洋蔥丁炒至顏色微黃。

3. 放入番茄丁、番茄醬、義大利香料、鹽、研磨黑胡椒碎拌炒調味煮至滾開，番茄也煮熟透有點糊狀時關火。

4. 另準備一只鍋，放入水及鹽煮開，再加入橄欖油，將麵垂直放入鍋中煮約7分鐘，將麵撈起備用。

5. 在做法**3**鍋中加入少許煮麵水煮至滾開，放入做法**4**的義大利麵拌炒均勻入味即可盛盤。

1

40 /

香炒綜合野菇

第一次參觀現代化無塵設備的魔菇部落，我和太太先到無塵室穿上無塵衣、無塵鞋帽後，解說員才開始導覽，帶著我們參觀及解說，看到眾多菇菇們在工業化控制下一致，有著世界級的生長環境，有固定的菇菇產量控制，有質量的生產方式與經營理念，真的是菇菇王國，那天我們買了很多菇回家。大家知道菇菇最怕水，碰水洗了就容易濕軟變質，影響風味，因為知道自己買的菇是在無菌室長大的，比人還健康，所以我不洗就來炒這道菜，我想讓菇菇保持原來的香味，就簡單用大蒜、香料來炒，沒想到四種綜合菇在一起竟有多層次的風味與口感變化，沒有意外的是我和太太都很喜歡。

野菇

溫馨提醒，炒野菇時全程必須保持中大火，因為菇類受熱會出水，如果用小火就等於是在煮野菇而不是炒喔！

食材
美白菇 100g、鴻喜菇 100g、新鮮香菇 80g、蘑菇 80g、牛番茄 50g、蒜末 45g

調味
鹽 5g、研磨黑胡椒碎 0.5g、義大利綜合香料 2.5g、橄欖油 30ml

做法

1. 全部菇類都用廚房紙巾擦過，美白菇、鴻喜菇切去根部用手剝散；新鮮香菇切成 0.6cm 寬的片狀；蘑菇一開四；牛番茄去皮去籽，切成 0.5×0.5cm 丁狀，備用。
2. 起鍋，加入橄欖油以中大火加熱、加入四種菇和鹽，全程保持中大火，將菇類的水分炒出且外表呈微微金黃色時，加入蒜末不斷翻炒至香氣散出。
3. 最後加入義大利綜合香料、研磨黑胡椒碎翻炒均勻，起鍋前再加入牛番茄丁拌炒均勻即可。

41 /

麵包布丁

有幾次吐司吃不完，我便放入冰箱冷凍保存，其實病後的太太很挑食，覺得凍過的吐司不好吃，因為太太喜歡吃甜點，我就想，可以拿來做軟綿綿又有嚼勁、不會太甜還有奶香跟葡萄口感三重奏的麵包布丁，剛好當成下午茶點心，也不會浪費了吐司，重生變成一個美味的甜點材料，多好呀！

食材
吐司130g、雞蛋2顆、
鮮奶200ml、
鮮奶油200ml、奶油20g、
蔓越莓乾20g、水100ml

調味
白糖50g、防潮糖粉25g

做法

1. 吐司切成2×2cm丁狀；蔓越莓乾泡水約20分鐘，瀝乾水分；奶油融化，備用。

2. 準備一只小鍋，放入鮮奶、鮮奶油、白糖混合好以小火煮至糖溶化，不用煮到滾開就關火。

3. 雞蛋打散成蛋液，加入做法2鮮奶拌勻後，過濾可讓布丁更細緻滑嫩，再與融化奶油液拌勻成布丁液。

4. 將吐司放在耐熱的器皿裡平均鋪開，倒入布丁液至麵包盅裡蓋過麵包丁，靜置10分鐘讓麵包吸飽布丁液。

5. 再將蔓越莓乾排在上面，放入已預熱的烤箱以170℃烤25分鐘，最後撒上防潮糖粉即可。

MEMO!

- 麵包選擇可以依個人喜好，我自己是使用一般的吐司。
- 沒有鮮奶油者，可以全部改成鮮奶，整體口味會偏清爽。

42

/

三代同堂蘿蔔雞湯

43

家傳可樂滷豬腳

42 Recipe:

三代同堂蘿蔔雞湯

新竹是客家人很多的城市，菜市場和不少商店都會看到很多不同的菜脯在販賣，青春菜脯和老菜脯的味道真的不一樣，菜名中的三代同堂是指菜頭、菜脯和老菜脯，同一種食材隨著醃漬時間長短，味道上會產生細微差距，用來燉雞湯就能吃得到蘿蔔的鮮甜，菜脯讓湯的層次更豐富，還有老菜脯越熬越甘醇厚的風味，太太說這湯好喝到讓她一口接一口。

我還想要說的是，家裡和書中拍攝時用的老菜脯，真的是我老爸傳下來的寶，老爸都過世好幾年了，我用一個甕好好的裝著，放在冰箱保存，想吃的時候取一點出來煮，喝著熱呼呼的三代同堂雞湯不只胃舒服了，心也感受到愛。

食材
仿土雞腿剁塊600g、老菜脯40g、
菜脯30g、白蘿蔔120g、
薑片30g、水2000ml、
水2000ml（燙雞用）

調味
鹽5g、冰糖15g

做法

1. 準備一個湯鍋，倒入水後，放入雞腿塊，轉大火煮至滾開立刻關火，撈出沖水洗乾淨，備用。
2. 白蘿蔔切成3x3cm小塊；菜脯和老菜脯都切成寬3cm的長條形。
3. 起鍋放入汆燙過的雞腿塊、菜脯、老菜脯、薑片和水煮至滾沸後，撈去浮沫，蓋上鍋蓋，轉中小火燉煮40分鐘。
4. 開蓋，加入白蘿蔔塊續煮30分鐘，最後加入冰糖和鹽調味即可。

MEMO！

- 菜脯和老菜脯都有鹹度，
  鹽巴可以不放，就會有微
  鹹甘甜的滋味。
- 台灣四季都能吃到白蘿蔔，
  但冬天盛產的最好吃，要
  挑拿在手中有重量，鬚根
  少、有自然裂痕的最好。

43 Recipe :

家傳可樂滷豬腳

老爸說這滷豬腳在外面絕對學不到，因為他只傳自家人不傳外人，我和太太剛認識沒多久，老爸就傳授給她，可見老早就當作是一家人了。我的老爸是很隨性的人，這道家傳豬腳可看出老爸的料理創意，加可樂能上色這不稀奇，但配方中還有乾燥玫瑰花和蘋果就真的很特別，我曾好奇地問：為何要加這兩樣食材？老爸說花香跟果香也可以幫豬腳去腥增香，而且就會和別人不一樣，老爸讓我更了解食材無國界，只要有心調配比例，搭配也沒有什麼不可能的。這道菜是我太太病後常跟我點的料理之一，有時也會多滷一些帶回台南給岳父品嚐，現在我寫下來跟大家分享。

食材

豬腳 1.2kg、薑片 30g、青蔥 30g、
紅辣椒 15g、乾燥玫瑰花 5g、
蘋果 45g、水 400ml、
可樂 600ml、燙豬腳水 2500ml、
外鍋水 3 杯（量杯）

調味

鹽 5g、黑胡椒粒少許、
醬油 60ml、八角 5g

做法

1. 準備一口大鍋，放入燙豬腳的水，加入豬腳轉大火煮至滾開後約3分鐘，撈起用清水沖涼，再用可蓋過豬腳的冷水浸泡3分鐘，撈起瀝乾水分。

2. 青蔥切段，用刀面拍過出香味；紅辣椒切片；蘋果切大角備用。

3. 準備電鍋內鍋，放入燙過的豬腳、薑片、青蔥段、紅辣椒片、蘋果、乾燥玫瑰花、八角、黑胡椒粒、水、鹽用湯匙拌勻，再倒入可樂。

4. 將內鍋放進電鍋，外鍋先放2杯水，蓋上鍋蓋按下開關煮到開關跳起後，再燜20分鐘。

5. 打開鍋蓋，拌一下豬腳受熱均勻，外鍋再放1杯水，蓋上鍋蓋按下開關煮到開關跳起後，續燜20分鐘，最後把豬腳滷水倒至另一鍋子裡煮約5分鐘稍微收汁，再倒回電鍋內鍋裡即可，這能讓湯汁味道更濃郁、更有層次感。

可樂中含有碳酸和糖分，可以讓肉質軟化、更易入味，如果沒有可樂，也可以放西打、雪碧、氣泡水等碳酸飲料。

44 /

九尾草燉雞湯

某年假日，我們在南投日月潭附近的餐廳喝到這道雞湯，念念不忘，湯裡有加酒一起煮，餐廳說一定要等酒精煮至揮發，湯才會更甜更好喝。然後，太太說到小時候因為得了腸胃炎完全吃不下時，岳母就是煮九尾草雞湯，真的真的很有效，喝完食慾大振呢！

這次大病初癒，我也煮了這道健胃補氣的雞湯，就希望能讓太太開胃，我們在果菜市場找到新鮮的九尾草，別小看這長相很像一般的細樹枝，不起眼，我將九尾草和雞肉一起放入電鍋燉，用不放酒的版本，食材夠好燉出來就是好喝，才第一口就能喚醒味覺，想起各種美好回憶，這湯真的是光陰裡有氣味有故事。

食材
帶骨仿土雞腿1支380-450g、
九尾草80g、薑45g、紅棗6顆、
枸杞10g、水2000ml（煮湯用）、
水1500ml（燙雞用）

調味
鹽10g、冰糖5g

做法

1. 帶骨仿土雞腿切大塊，清洗過後，放入鍋中加水，從冷水煮至滾開即關火，水倒掉，再將雞腿塊以流動的清水沖洗乾淨。
2. 九尾草多洗幾次，把沙沙的泥土沖洗乾淨，直到水清澈；紅棗、枸杞也稍微沖洗一下。
3. 九尾草、紅棗放入湯鍋中，加入水以中火從冷水開始煮至滾沸，轉小火熬約30分鐘成湯底。
4. 將仿土雞腿塊放入做法3高湯裡，以小火熬煮約30分鐘至雞肉熟透，過程中若有雜質浮沫請撈掉，最後加入枸杞、鹽、冰糖調味，再煮10分鐘即可。

- 帶骨仿土雞腿可以請肉攤幫忙剁，或去超市、大賣場買切好的雞腿肉塊。
- 想知道雞肉是否完全熟透，可用叉子或筷子測試，如果可以輕易穿透且抽出無血水，就表示熟了。
- 使用新鮮或乾燥九尾草都可以，乾燥的味道有被濃縮可酌量減少一點，而新鮮九尾草帶土，一定要清洗得很乾淨吃起來才安心。

// 營養師 Point //

九尾草又稱狗尾草，根據《原色台灣藥用植物圖鑑》記載，其性溫、味甘、無毒，加入雞肉或排骨燉湯，營養美味還能開脾健脾，用量很少算是保健食補，正常使用不用擔心。

Part 4

常備小食

想吃就能隨時吃到的簡單菜譜

45

番茄燉牛腩

46

岳母牌南部肉燥

45 Recipe :

番茄燉牛腩

太太病後回家休養期，我就得回公司上班去了，很擔心不能時時照顧到三餐，沒想到太太說，只要燉一鍋番茄燉牛腩放冰箱，想吃的時候打微波就可以啦！好喔，我去買了太太偏好的美國牛腩，加上自家採的牛番茄和根莖類蔬菜，配上辛香料、少量的水，用電鍋簡單就能完成，湯汁濃香的不得了。忙碌時，如果要在廚房燉上好幾個小時的肉太辛苦，分享這個輕鬆作法給大家。

食材
牛腩300g、牛番茄120g、
洋蔥80g、馬鈴薯80g、
蘑菇60g、薑片30g、月桂葉1片、
水2000ml（燙牛腩用）、
水1000ml（內鍋用）、
外鍋水3杯（量杯）

調味
鹽2.5g、研磨黑胡椒碎少許、
冰糖30g、醬油30 ml

- 牛腩條的油脂多一點，口感滑潤也耐燉煮，當然也可以改用牛腱心或豬梅肉，作法一樣。
- 這是一道隔餐更好吃的料理，因牛腩經過湯汁浸泡一夜後更入味了。

做法

1. 牛腩切成4公分的長段；牛番茄、洋蔥、馬鈴薯、薑洗過，洋蔥、馬鈴薯切大塊狀；牛番茄切成四大塊；蘑菇切4瓣，備用。

2. 準備一只大湯鍋，放入2000ml水，放入牛腩煮至水滾開後，撈起用清水沖洗備用。

3. 準備一個電鍋內鍋，放入汆燙過的牛腩、洋蔥、薑片、牛番茄，再放入醬油、月桂葉及1000ml的水攪拌均勻。

4. 將內鍋放入電鍋，外鍋倒入2杯水，蓋上鍋蓋，按下開關煮至開關跳起，這時先不開蓋續燜30分鐘後，再打開鍋蓋放入馬鈴薯、蘑菇，外鍋再倒入一杯水，蓋回電鍋鍋蓋，按下開關煮至開關跳起，不著急開蓋，再燜20分鐘後打開，以鹽、黑胡椒碎調味，試味道及牛腩和馬鈴薯的軟硬度，若喜歡再軟一點，可再加半杯水多煮一下即可。

測試馬鈴薯是否熟透，可以用筷子戳，如果很快戳入表示已經煮熟且鬆軟了。

46 Recipe :

岳母牌南部肉燥

南部人稱肉燥，北部叫它滷肉，聽岳母說早期家裡生活較為貧困，不易吃到整塊豬肉，為了營養均衡，就將豬肉剁小塊用醬汁滷成一鍋肉燥，淋在白飯上就能吃得很香。肉燥可以運用在很多料理，燙青菜淋上肉燥增加油香、做一碗方便肉燥麵、炒米粉也可加肉燥，總之岳母的肉燥很萬能。

岳母在太太小學時就傳授了南部肉燥作法給她，還說：教了妳，以後家裡的肉燥就是妳來煮了，從小開始煮，難怪太太的家常菜比我還了得，婚後也把配方傳授給我。南部的肉燥很甘甜，岳母說因為早期南部人滷肉時有加甘草粉，是甘味的來源，可是岳母的配方裡沒有甘草粉一樣能滷出甘味，真的不簡單，我想台灣的每位媽媽應該都有自己的獨門肉燥配方吧！

豬五花肉 300g、豬梅花肉 300g、
紅蔥頭 120g、水 1000ml、
葵花油 30ml

調味

醬油 45ml、五香粉 15g、
白胡椒粉 10g、冰糖 15g

做法

1. 將豬五花和豬梅花肉分別攪成絞肉狀；紅蔥頭清洗過去皮切片，備用。

2. 起鍋放入葵花油加熱，放入紅蔥頭片以中火慢炒至快上色時，放入豬五花絞肉炒至變色時，再放入豬梅花絞肉混合均勻炒到熟成變色，放入冰糖、五香粉、白胡椒繼續翻炒。

3. 加入醬油煮至滾開後，加入可以覆蓋所有食材的水量，以大火煮滾，再轉小火加蓋燜煮 50 分鐘，其間每 10 分鐘就掀蓋攪拌以避免黏鍋。

4. 最後再煮至滾沸即可盛出享用，若不著急可以先不動它，靜置一晚使肉燥更入味，味道會更香。

MEMO!

- 用豬五花肉、豬梅花肉一起的黃金比例最好吃，想要更有口感也可以手切成小丁狀來煮肉燥。

- 如果不想色澤太深，可用適量鹽調味，減少醬油用量。

47

紅麴蒸小排

紅麴既能讓菜色有漂亮色澤也能增加香氣，感謝太太的香港同事傾囊相授，讓我受益良多，重點是這道菜只要備好料、蒸熟就好，是康復期時滋補強身的友好料理。我的做法是改良版本，選用豬小排，每次份量也不買多，剛剛好1-2餐就能吃完，是一道方便的電鍋菜，外鍋加水煮到開關跳起就能美味上桌，如果要舉辦家宴，也是一道快速又大氣的請客菜色。

食材
豬小排450g、蒜末30g、
青蔥30g、玉米粉15g、
冷水50ml、外鍋水2杯（量杯）

調味
鹽2.5g、研磨黑胡椒碎少許、
糖2.5g、紅麴醬60g、
香油10ml

做法

1. 豬小排用流動的水清洗約10分鐘，再泡水20分鐘後撈起瀝乾水分；青蔥清洗過切碎，備用。

2. 豬小排放入大碗中，加入鹽、黑胡椒碎、糖、紅麴醬、香油先拌一下，再加入蒜末、青蔥碎、玉米粉、冷水一起抓醃均勻，靜置約20分鐘。

3. 將做法2放入內鍋，整個放進電鍋內，外鍋加兩杯水，蓋上鍋蓋，按下開關煮至開關跳起，續燜15分鐘即可。

MEMO!

做法 **1** 的沖水 10 分鐘，再浸泡 20 分鐘這個動作不能少，是小排蒸起來嫩口的美味重點。

48 / 馬鈴薯沙拉

49

蔥香／全麥餅乾

馬鈴薯沙拉

這是太太最愛的料理之一,我們的回憶中兩人童年的味道是一樣的,馬鈴薯、紅蘿蔔、玉米、水煮蛋、美乃滋、鹽、白胡椒粉簡單拌勻就放入冰箱,可以直接大口吃,也可以用吐司夾著做三明治,回頭看才發現我們一南一北,即使成長的時空背景不一樣,但父母親付出愛的細節點滴,在心中留下家的味道,同樣無比珍貴。

我選擇台灣白皮馬鈴薯做沙拉,澱粉含量高、質地鬆軟,粉質綿密的口感很適合,配料的紅蘿蔔太太則有她的堅持,要挑小根一點、帶有葉子或蒂頭的比較新鮮多汁,末端無分叉是健康的紅蘿蔔。我也會一次多做一點,放保鮮盒冷藏保存,是很簡單方便的家常小菜。

食材
馬鈴薯2顆、紅蘿蔔180g、
甜黃玉米罐頭60g、雞蛋3顆、
牛番茄5片(約25g)、
水2000ml(水煮蛋用)、
外鍋水2杯(量杯)

調味
鹽2.5g、鹽5g(水煮蛋用)、
白胡椒粉少許、美乃滋160g

MEMO!

- 喜歡小黃瓜的人,可自行加入去籽的小黃瓜丁;因小黃瓜籽容易出水,一定要去籽,以免影響口感。
- 牛番茄要好圍邊,切成0.2公分薄片是最好的。

1. 馬鈴薯、紅蘿蔔洗淨去皮切成1×1cm丁狀；甜黃玉米罐頭湯汁濾掉，備用。

2. 電鍋內鍋先放入紅蘿蔔丁加蓋，外鍋放1杯水，按下開關煮到開關跳起後，放入馬鈴薯丁，外鍋再加1杯水續煮到開關跳起後，續燜10分鐘，倒到碗裡備用。

3. 準備一只湯鍋，放入水和鹽煮熱時，輕輕放入蛋煮到水滾，關小火續煮10分鐘，撈起泡進冷開水至涼後，剝去外殼，切成1×1cm丁狀。

   水煮蛋一定要煮全熟，避免帶生拌勻在馬鈴薯泥中沒多久就壞掉了。

4. 所有材料放置碗中，加入鹽、白胡椒粉、美乃滋攪拌均勻，盛在盤中，加上牛番茄薄片即可。

49 Recipe :

蔥香／全麥餅乾

這餅乾是為了太太能吃到安心又熱量低的餅乾，才研發的健康小點，對身為西餐主廚的我來說，烘焙真不簡單啊！

我想製作低糖少油、吃了不會有罪惡感的鹹口餅乾，兩種口味都試作過非常多次，蔥香餅乾從找新鮮青蔥開始，纖維少、味道甘甜而不嗆辣就屬三星蔥了，只是其蔥白特別長，我只取其蔥綠；原味餅乾則是低糖低脂、又香又脆，實做時太太也有參與，我們一致認為目前這個配方最好吃，滿嘴香，當成午後小點也很好。建議一次可以多做點，放涼後以密封袋置於陰涼處保存，想吃就能隨手取用。

蔥香餅乾

食材

青蔥120g、低筋麵粉160g、
鮮奶60ml、白芝麻10g

調味

鹽3g、小蘇打1g、無鹽奶油30g

做法

1. 青蔥洗淨擦乾，切成蔥花；奶油放在室溫軟化；低筋麵粉過篩，備用。
2. 準備一只大碗，將食材全放入大碗裡略拌一下，再加入鹽、小蘇打全部混合成麵團，靜置醒麵30分鐘。
3. 時間到，將麵團以桿麵棍 開成片狀，撒上青蔥花對折起，再度擀薄後，切成3.5×3.5cm小片狀，用叉子均勻扎上小孔，放在鋪有烘焙紙的烤盤上。
4. 烤箱預熱170℃約10分鐘，將烤盤放入烤箱，以上下火170℃烤15分即可出爐，待冷可享用。

▦ 全麥餅乾

食材

低筋麵粉80g、全麥粉100g、
水30ml

調味

砂糖30g、無鹽奶油65g

做法

1. 奶油融化後加上砂糖拌勻。

2. 低筋麵粉及全麥粉過篩後，加水一起攪拌均勻，放入塑膠袋中捏壓成團，再　成不要太厚的薄片，用壓模壓出形狀，放在鋪有烘焙紙的烤盤上。

3. 烤箱預熱170℃約10分鐘，將烤盤放入烤箱，以上下火170℃烤20分鐘即可出爐，待冷可享用。

MEMO!

餅乾若回軟，可以放入已經預熱至150℃的烤箱中烘烤5-6分鐘即可恢復酥脆。

50

桂花釀漬番茄

每年4-5月是苗栗花卉節，我們都會去南庄買桂花釀，香又純，從前太太工作時每回跟客人講太多話，就會沖杯桂花茶來潤喉，效果很好，因此就迷上了。我們也經常會去採新鮮的小番茄，太太說桂花香氣實在太誘惑人，如果把兩種喜歡的結合一定很棒。飯店裡的香港師傅曾教她釀漬番茄，我們便改良了一下加入桂花釀試試看，幾番修正才有現在太太認證過，合格過關的消暑小菜，如果家有宴客也是很好的開胃涼菜。

食材
小番茄250g、話梅3顆、
熱開水500ml、
冰塊水(冰鎮用)250ml、
冷開水250ml

調味
桂花釀60g、檸檬汁50ml、
檸檬皮適量

做法

1. 小番茄洗淨，剝掉蒂頭備用。
2. 小番茄用滾燙的熱水汆燙約20秒，撈起泡進冰塊水中冰鎮，剝去外皮，濾乾水分。
3. 桂花釀加入冷開水拌均勻，再加入檸檬汁和話梅，與去皮的小番茄一起拌勻醃漬，放入冰箱冷藏約12小時至入味，食用前撒上適量的檸檬皮即可。

- 汆燙小番茄時間不
  可久，怕果肉會變
  軟爛影響口感。
- 聖女小番茄若果實
  比較小的就不適合，
  皮太薄不好去皮。

51 /

桂圓銀耳蓮子湯

某一年我還在學校任教時，校長希望宴請學校貴賓的菜單裡有甜湯，於是拜託太太幫我請教飯店裡來台灣工作很久的香港師傅，他做的港式甜品真是一絕，雖然現在已經退休了，有空我們還是常聚會，這就是美食帶來的緣份。太太稱他為老爹，老爹說，銀耳、蓮子要選擇新鮮的，桂圓買帶殼的，回家自己剝去籽留肉就是龍眼乾，新鮮的食材含膳食纖維及多醣體量最高，也比較容易煮出膠質，桂圓與蓮子融合飄香四溢，是養顏美容的健康糖水，難怪太太喜歡，不過不建議天天喝，怕會太補喔。

食材
新鮮白木耳50g、
新鮮蓮子180g、龍眼乾45g、
枸杞10g、水2000ml、
外鍋水2杯（量杯）

調味
冰糖80g

做法

1. 新鮮蓮子、新鮮白木耳用水沖過，白木耳剪成小朵；乾桂圓去殼去籽成龍眼乾肉，備用。

2. 將蓮子和龍眼乾肉放進電鍋內鍋，加入蓋過食材的水，外鍋先放1杯水蓋上電鍋蓋，按下開關煮到開關跳後燜15分鐘。

3. 開蓋加入白木耳及枸杞，外鍋再加1杯水，蓋上鍋蓋，按下開關煮到開關跳起，打開加入冰糖攪拌，加蓋續燜15分鐘後試味道，並確認是否已煮出銀耳的濃稠膠質，若有即可享用，若還沒有外鍋可再加1杯水，再煮一下即可。

新鮮蓮子不可泡水，沖一下就馬上下鍋，以免因自來水含氯影響口感。

冰心烤地瓜

靈感來自於太太住院時,有時候我會去便利商店買2-3個烤地瓜當早餐,熱呼呼的很美味,但當時太太胃口不太好,常常吃一個就飽了,剩下就放冰箱裡冷凍,過幾天再拿出來吃,那口感有點像冰棒又像雪糕一樣,好吃到我會連皮一起吃光光。

我們有時會去金山老街逛逛,那裡盛產的地瓜真的很好吃,由於金山位處北海岸火山地形,其地質、土壤、海風等因素讓種出的地瓜口感特別綿密,於是想做個實驗,將金山地瓜以烤和蒸兩種方式熟成後,待涼放冰箱冷凍,比較後,烤完後放冷凍的地瓜略勝一籌,香氣十足,而且冰過的地瓜算抗性澱粉,大家都很適合吃。

食材
地瓜3條

調味
蜂蜜30g

做法

1. 地瓜先刷洗乾淨、擦乾水分後,放在鋪好錫箔紙的烤網上,一盤放3條地瓜排放整齊。

2. 地瓜連同烤盤放入已預熱的烤箱180℃約10分鐘,空的烤盤放進烤箱最底層,有地瓜的烤網放進中層,以180℃先烤15分鐘後,取出翻面,再以180℃繼續烤20分鐘至用竹籤刺地瓜時可以容易刺穿,出爐放涼後,放冰箱冷凍一晚即可。

延伸料理

1 電鍋裡放入電鍋網,地瓜放在網子上,外鍋放2杯水,按下開關煮到開關跳起再讓它燜約20分鐘,直到用竹籤容易刺入時表示熟了。

2 取出放涼再放入冰箱冷凍,就可以比較蒸和烤的哪一個比較好吃了。

MEMO!

- 想吃甜一點的人可再佐蜂蜜一起食用。
- 千萬別把皮剝掉，冰心地瓜連皮吃會更好，營養更豐富；但地瓜皮一定要洗乾淨。如果做太多冷凍保存一個月沒問題。

Part 5

蛋白質真的好重要

這是給我力量的專屬食堂

53 /

鮮豆皮雞肉煎

醫生說病後要多補充蛋白質，才能讓免疫功能恢復正常運作，所以太太的下午茶時間我想做一道雙重蛋白質的鹹點。我將雞胸肉剁成泥，用新鮮豆包皮包起來後以好的油煎熟，看起來漂亮就更引人食慾，切成一口吃的大小，搭配一杯熱茶就很棒了。這道小點做為正餐或下午茶都很好，可以香煎也可以清蒸，完全看個人喜好決定。

食材
新鮮豆包皮 120g、
雞胸肉 100g、紅蘿蔔 30g、
洋蔥 30g、新鮮香菇 30g

調味
鹽 2.5g、醬油 15ml、
香油 10ml、
研磨黑胡椒碎少許、
葵花油 45ml

做法
1. 紅蘿蔔、洋蔥去皮，新鮮香菇去蒂頭，全部都切成細碎狀。
2. 雞胸肉先切片再切絲，最後切碎剁成泥，如果家裡有調理機可以直接打成泥，放入大碗中，與切細碎的蔬菜一起混合拌勻後，加入醬油、鹽、黑胡椒碎、香油攪拌成什蔬雞肉泥。
3. 新鮮豆包皮打開平鋪，將什蔬雞肉泥薄薄地鋪在豆包皮上，捲起備用。
4. 起鍋放入葵花油燒熱，轉中火放入豆皮雞肉煎至全部面都上色時，轉大火讓豆皮外表呈金黃色，起鍋吸油後，切成適口大小即可。

// 營養師 Point //

無論是正在治療或是病後康復都很需要蛋白質，相對豬牛羊來說，雞肉和雞蛋會較容易咀嚼，也含豐富的精胺酸，只要吃得下對身體都有好處。

這道也可以用電鍋蒸熟，
連盤放在蒸架上，外鍋 1
杯水，煮到開關跳起後
再燜 15 分鐘即可。

雞肉牛奶蒸蛋

印象中太太病後補養的某一天中午，突然想吃蒸蛋，家中剛好沒有食材，我就去附近一家連鎖壽司店買茶碗蒸，太太很高興地打開吃了第一口就說：「喔喔，這是沒料的，而且中心冷冷的，不好吃。」我很淡定的跟她說，不好吃先不要吃，保持情緒愉快最重要，晚點就去買食材回家，我們自己做！於是這道做法超簡單，富含高蛋白又滑嫩香濃的蒸蛋就是這樣來的，對胃口不好的太太來說，健康不油膩，更有飽足感，我想推薦給大家，尤其是家有老人或小孩都很適合喔！

電鍋內要放蒸架，並且利用筷子讓鍋蓋留一點縫，使蒸蛋溫度不過高，蒸出來的蛋才會平滑。

食材

雞蛋2顆、玉米粒罐60g、
雞胸肉120g、青蔥10g、
鮮奶200ml

調味

鹽5g、
研磨黑胡椒碎少許

做法

1. 雞胸肉清洗過，切片後再切絲、剁成雞肉泥。
2. 青蔥切細末，和雞肉泥、玉米粒、黑胡椒碎及一半的鹽混合攪拌均勻。
3. 雞蛋打散成蛋液，加入鮮奶及剩下的鹽拌勻，再加入剛調味的雞肉泥拌勻後，倒入容器中靜置2分鐘，讓雞肉泥沈澱。
4. 將蒸蛋放在電鍋裡的蒸架上，外鍋加入1杯水，蓋上鍋蓋，不要全蓋滿留一點縫隙，按下開關煮到開關跳起時，開蓋取出即可。

55 /

三種韭菜煎蛋

我和太太很喜歡逛傳統市場，尤其愛光顧自種自賣的小農戶，有天看到擺出來賣的韭菜很嫩，靈機一動，今日晚餐來做一道很特別的韭菜煎蛋妳試試，當下太太還說：「讓我看看你葫蘆裡賣什麼藥，哈哈。」因希望增進食慾，簡單吃也能營養有飽足感，所以用了嫩韭菜、韭菜花、韭黃三種韭菜來做香噴噴的煎蛋。結果讓太太想起小時候春夏時節台南家裡的菜園，韭菜如野草般叢生，多到各種韭菜料理都做過了，家人們最喜歡潤口的雞蛋炒韭菜，但就是沒吃過三種韭菜煎蛋，這道香氣豐富又有古早味的菜，格外受到佳人青睞。

食材
雞蛋3顆、韭菜50g、
韭菜花50g、韭黃50g

調味
鹽5g、白胡椒粉2g、
橄欖油15ml(炒韭菜用)、
橄欖油30ml(煎蛋用)

做法

1. 三種韭菜清洗過、擦乾水分，切成0.5cm的小段，備用。
2. 雞蛋打入碗中檢查一下避免有不好的蛋，再加入鹽、白胡椒粉拌勻。
3. 起鍋放入橄欖油加熱，以中火炒香三種韭菜，起鍋倒入蛋液中攪拌均勻。
4. 起鍋加熱放入橄欖油，倒入做法3的韭菜蛋液，轉中火，同時蛋液在半凝固時用筷子順時鐘攪拌一下，用鍋鏟翻面再轉小火，將另一面煎熟即可。

MEMO!

- 不喜歡韭菜者，可替換成九層塔或青蔥，做法有點不一樣，九層塔不用事先炒過，直接和蛋液一起拌勻後下鍋煎即可。
- 若是青蔥碎可以先炒香後才放入蛋液中入鍋煎熟，味道及香氣會更好。

56 /

豆腐蛋黃粥

剛出院的人味覺、胃口和跟一般人不太一樣，身體虛弱、口味失調，我很怕煮出來不符合太太口味，醫生建議最好避免酒、辣椒、胡椒、花椒等過度刺激的調味，想了想，「粥」真的是病友的好伙伴，好嚼、好吞、容易消化吸收，只需研究搭配、慎選加進的食材，又能增加蛋白質。當太太吃了第一口，臉上表情是微笑的，我就放心了，只要能吃得下就好，是當下心中唯一的盼望。

食材
白飯1/2碗（約160g）、
嫩豆腐120g、雞蛋1顆、青蔥10g、
水10ml（拌入蛋黃用）、水400ml

調味
鹽2.5g

做法

1. 嫩豆腐切細丁，青蔥洗過擦乾切細蔥花；雞蛋洗過打入小碗中，蛋黃、蛋白分開，蛋黃加入水打散（蛋黃液），蛋白留著另外用。

2. 水倒入鍋中煮至沸騰，加入白飯，以小火熬煮至熟爛，再加入嫩豆腐細丁煮滾。

3. 倒入蛋黃液拌勻、續煮至沸騰，最後加鹽調味盛碗，撒上青蔥花即可。

MEMO!

如果想要更豐富，可加入各種愛吃的蔬菜切碎，煮粥時加入一起煮。

57 /

鮭魚野菇蛋炒飯

以前在飯店工作的太太很喜歡自家日料餐廳裡的鹽烤鮭魚頭，用她的話形容就是好吃到爆炸。但現在不能吃這麼油膩的料理，於是我用鮭魚搭配菇類和白米飯做成營養炒飯，希望太太能開胃，攝取更多蛋白質。記得這裡用的鮭魚不能選肚的部位，魚肚太油了，取用一般肉身的部位就好，菇類也要挑新鮮的保水度佳。這道炒飯一出鍋立刻吸引太太過來，她說真的很久很久沒有吃到鮭魚及用鮭魚炒的飯，太香了！

食材
雞蛋2顆、白飯320g、
鮭魚160g、杏鮑菇50g、
蘑菇50g、新鮮香菇40g、
洋蔥45g

調味
鹽2.5g、醬油15ml、
研磨黑胡椒碎少許、
橄欖油30ml（炒飯用）、
橄欖油10ml（煎鮭魚用）

做法
1. 洋蔥去皮，切小丁狀；杏鮑菇、蘑菇、新鮮香菇都切成丁狀；雞蛋打散成蛋液，備用。
2. 起鍋加入橄欖油加熱，以中火香煎鮭魚至兩面上色且熟，起鍋待涼時將魚肉剝碎，備用。
3. 另起一鍋，放入橄欖油以中火先炒蛋液，在鍋中炒成蛋碎，再放入杏鮑菇丁、蘑菇丁、新鮮香菇丁、洋蔥丁一起炒至恰恰的金黃色時，倒入白飯拌炒均勻，最後加鮭魚碎、醬油、鹽、黑胡椒碎炒勻即可。

MEMO!

- 煎好的鮭魚不用剝得太碎,口感會不好。
- 炒飯最好是用隔夜飯或是放涼的米飯,比較不會黏在一起,炒起來粒粒分明。

58 /

雞肉什蔬澄清湯

我一直認為讓太太保持身體健康是老公的責任，所以在她食慾不好時，想到醫生說：「用食物為自己補營養，吃對了，疾病遠離你。」於是告訴太太：「不一定要吃飯，今天的營養就在湯裡面，讓妳喝到飽。」我要做的這道湯品勝過藥物治療，其實就是很營養啦！不用咀嚼，用喝的就能吸收，主要是改良西餐丙級裡的雞肉澄清湯，但不使用蛋白來澄清雞高湯，改以我在法國里昂學的一道高湯做法，熬出滿滿蛋白質的美味煲湯。

食材

仿土雞腿1支（約450g）、洋蔥120g、
紅蘿蔔60g、西芹60g、蒜苗60g、
月桂葉1片、百里香1支、水2000ml、
水1500ml（燙雞腿用）

調味

鹽5g、黑胡椒粒少許

做法

1. 雞腿從關節處切成一開二，準備一只湯鍋，放入燙雞腿用的水和雞腿一起開大火煮滾後關火，取出沖水清洗擦乾，備用。

2. 洋蔥去皮，切成一片1.5cm厚片，剩下的留著不切；熱一平底鍋，放入洋蔥厚片以小火乾烙至焦化，即一整面黑黑的，備用。

3. 紅蘿蔔切大塊；西芹切段；蒜苗切段。

4. 另起一鍋，放入燙過的雞腿及所有什蔬（焦化洋蔥除外），以及月桂葉、百里香、黑胡椒粒，開中火煮至滾開後，轉小火，此時放入焦化洋蔥，不要攪拌，只需要隨時注意湯上面的浮油要撈除，保持湯頭清澈。

5. 保持高湯小滾的狀態，但湯不要去攪拌，大約熬煮1.5小時，再從鍋旁加入鹽，慢慢讓鹽融化，最後試喝味道即可。

> 從旁邊放入鹽，是避免攪拌湯，一經攪拌湯就容易混濁，讓鹽自然溶化就好。

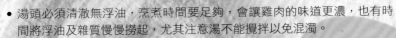

- 湯頭必須清澈無浮油,烹煮時間要足夠,會讓雞肉的味道更濃,也有時間將浮油及雜質慢慢撈起,尤其注意湯不能攪拌以免混濁。
- 洋蔥厚片千萬不能用油煎它,才能保持湯的清澈,有油容易讓湯混濁。我們只利用焦化洋蔥讓湯呈現茶色,簡單以鹽調味,就能煮出漂亮色澤的雞湯。

59 /

綠花椰炒雞片

以前煮綠花椰常是吃鹽水燙過的原味，太太都會沾美乃滋或加番茄清炒，這次為了增加蛋白質，改用雞胸肉一起炒，一盤就有葷有素營養均衡，吃起來比較不膩口，看到太太喜歡吃我做的菜，體重慢慢增加，體力慢慢恢復，身體越來越好，我想就是做為丈夫最欣慰的時候，並且提醒自己守護你的健康是我的責任，希望能好好照顧妳到老，不再生病。

食材
綠花椰 1 顆 180g、
雞胸肉 120g、洋蔥 15g、
蒜頭 10g、玉米粉 15g、
水 350ml（燙雞胸用）、
水 80ml（炒綠花椰菜用）、
牛番茄薄片 6 片

調味
鹽 5g、白胡椒粉 2g、
醬油 10ml、橄欖油 15ml

做法

1. 綠花椰洗淨，去除粗纖維後切成小朵狀，再泡水 10 分鐘後撈起，備用。
2. 洋蔥、蒜頭切成細末。
3. 雞胸去皮切薄片，先和醬油抓過後再加玉米粉攪拌醃漬 15 分鐘，將燙雞胸用的水煮至滾開後，轉小火，放入醃漬過的雞胸肉燙一下撈起，備用。
4. 起鍋放入橄欖油，以中火炒香洋蔥、蒜頭末，先放入綠花椰拌炒，加鹽、白胡椒粉調味炒勻，再加 80ml 水煮一下。放入做法 **3** 雞胸片快速拌炒均勻即可盛盤，為了漂亮可以用牛番茄薄片圍邊，賣相更好。

MEMO!

- 如果沒有綠花椰菜，可以替換成白花椰，做法是一樣的。
- 花椰菜都要記得要去除粗纖維，吃起來口感才會好。

乳酪煎雞胸

61
／
手作雞肉餅

60 Recipe:

乳酪煎雞胸

這是一道我在當學徒時偷偷學的菜色，那時覺得很費工也很難，經過幾次的試作，終於在第5天試驗成功，也讓自己吃了5天的雞胸肉。在太太病後回家休養時，和她說起這段往事，太太便要我重現一次這道菜，材料中有培根，算是加工醃製肉品，問過主治醫師說吃少量沒關係，才敢讓太太嘗試，果然她吃了也很滿意，讓我想到有句話說：「做人可以隨便，做菜不能，要用心才能做出好的料理。」雖然這道菜的緣起已經是有點久遠的故事，但美味不變，分享給大家！

食材
雞胸肉排2片（250g／片）500g、
乳酪絲80g、鮮奶120ml、
培根2片（每片35-40g）、牙籤2支、
紅甜椒30g、黃甜椒30g、水500ml

調味
鹽2.5g（醃雞胸）、鹽2g（甜椒用）、
研磨黑胡椒碎少許（醃雞胸）、
研磨黑胡椒碎少許（甜椒用）、
葵花油30ml（煎雞胸用）、
葵花油15ml（炒甜椒用）

做法

1. 紅、黃甜椒先切成0.5cm的條狀，再切0.5cm的小丁狀，備用。

2. 準備一小碗，把乳酪絲泡在鮮奶裡至乳酪吸收軟化，再擰乾乳酪絲分兩球，備用。

MEMO!

如果擔心培根所含的亞硝酸鹽對身體不好，可先以熱水燙煮一下後，撈起瀝乾，能減少大部分的亞硝酸鹽含量，鹹度也會降低，這動作一定不能少。

3. 雞胸肉洗淨擦乾，從中間水平面切一刀寬3cm、深3cm，小心地慢慢切不要一次劃開太大，再把擰乾的乳酪絲塞入。

乳酪填進雞胸切口處時要小心，不要急，以免切口處越來越大，培根會包不起來。

4. 用培根包起雞胸肉，接縫處用牙籤串起，不要讓乳酪流出。

5. 起鍋放入水，再放入包好的雞胸肉，開中火煮至水滾沸後取出。

6. 另起一鍋，放入葵花油以中火炒軟紅黃甜椒，加鹽、黑胡椒碎調味後盛盤。

7. 再起一鍋，放入葵花油以中火香煎做法**5**的乳酪雞胸至培根部分上色，且兩面都要煎熟，尤其是接縫處需要煎上色才會更好的固定黏住，此時可以起鍋拔除牙籤，放在炒過的甜椒丁上即可。

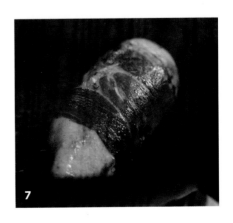

61 Recipe :
手作雞肉餅

化療很傷身也很耗能，需要多補充蛋白質，以免營養跟不上，抽血數值不達標下次就不能緊接著治療了，於是想了這道可以跟太太互動的手工雞肉餅。這是我小時候胃口不好時，母親特別做給我的小零嘴，也是常見的便當菜，美味又營養。我們分工合作，刀工部份我來，太太負責慢慢捧雞肉泥，手酸了就換我，最後我來煎，太太壓扁肉餅等慢慢上色，就這樣一起完成更美味，也培養完美的做菜默契。

食材
雞胸肉350g、櫛瓜30g、
紅蘿蔔50g、乾香菇(泡水後)20g、
薑20g、白吐司1片、雞蛋1顆

調味
鹽5g、糖5g、研磨黑胡椒碎少許、
香油5ml、葵花油30ml

做法

1. 紅蘿蔔去皮後，先切片再切絲，最後切成細末；櫛瓜和薑也一樣切成細末，備用。

2. 乾香菇用蓋過香菇的水浸泡30分鐘後，洗淨濾乾水分，去蒂切絲，再切成細末，備用。

3. 白吐司去除硬邊，先切成0.5cm細條，再切成0.5cm細丁，備用。

4. 雞蛋洗過擦乾打到小碗後打成蛋液；雞胸肉洗過擦乾，再剁成泥，備用。

5. 將全部切好的時蔬、乾香菇、吐司丁、雞肉泥混合，加入蛋液繼續攪拌至吸收，加入鹽、糖、黑胡椒碎、香油拌勻後，將肉摔打出筋，然後做成每顆約60g的雞肉球。

> 手作雞肉餅在製作時一定要摔打過，才會產生黏性，煎起來雞肉餅才不會碎掉。

6. 起鍋放入葵花油，以中小火燒熱，放入雞肉球待稍定型時以鍋鏟壓成雞肉餅，慢慢煎至兩面上色至熟，用叉子刺中心點，容易穿透就表示熟了，即可起鍋排盤。

後記

給所有病友與陪病家屬的一些話

在我和太太一同走過病中歲月後的現在，最想和你們說的是：辛苦了，無論病友們或陪病家屬都是，我知道在這個過程中大家的內心都是脆弱的，壓力也是最大的，此時溫暖陪伴是最長情的告白，也是最天然強大的力量，能治癒內心，心理強大才能更好地面對病痛。而我用愛的料理直面太太的需求，在身心上盡力滿足她，希望這些料理的分享，也能提供大家在病中與休復期的飲食有更多元的選擇。

話說在台大癌醫中心做完幹細胞移植及高劑量的化療後，太太因消化系統受到傷害，尤其對增生較快的口腔粘膜破壞更為明顯，口腔潰爛使味覺受損、味覺失調。太太口中出現各種異味，有時說感覺有嘔吐味、藥劑味、鐵鏽味與苦味，吃什麼東西味道都不好了。

醫師特別交代，化療後因為免疫力會下降、要避免吃容易產生感染的「生食」，包含果汁、生菜，連水果最好都是食用前洗淨削皮後再吃；避免苦味、辛辣、油炸、含酒精的食物，也不要選太硬的食物以免不好消化，可以多使用糖或檸檬，增加食物的甜跟酸味，減少對苦味的敏感度，或

以彩度高的食材或香料、調味料多一點的食物刺激嗅覺及食慾，記得當時太太最喜歡吃的就是三色糖醋排骨。

當然也不要給太燙的食物，以免刺激口腔，如果真的疼得吃不下，吃點冰涼的無妨，只要確定衛生安全，冰淇淋的甜太太很喜歡，那時每天三餐都會吃一點，醫生說有熱量有吃最重要。

其實我都會依照太太每個階段的味覺變化做調整，有時煮出來太太吃了不喜歡我就不強求，會再次詢問，並依當下她喜歡的口味重做，讓味道更凸出以增加進食意願，例如出院回家後，她喜歡吃日式壽喜燒炒牛蒡絲，我就炒一盤這道有甜及鹹的菜，只要她吃光光我就會很開心。

在太太味覺失調的這段期間，我盡力滿足她的飲食需求、陪她一起度過想吃又不一定吃出正確味道的時期，這是我能做到的最好陪伴，現在想想都是過去式了，最大的感觸是，希望每個人都能把握現在，活在當下。祝福大家健康平安。

以愛料理，主廚的寵妻健康食堂 改變生命的好食慾元氣菜譜

作者	林勃攸
攝影	璞真奕睿影像工作室
美術設計	黃祺芸

社長	張淑貞
總編輯	許貝羚
特約編輯	劉文宜
行銷企劃	黃禹馨

發行人	何飛鵬
事業群總經理	李淑霞
出版	城邦文化事業股份有限公司 麥浩斯出版
地址	115 台北市南港區昆陽街 16 號 7 樓
電話	02-2500-7578
傳真	02-2500-1915
購書專線	0800-020-299

發行	英屬蓋曼群島商家庭傳媒股份有限公司城邦分公司
地址	115 台北市南港區昆陽街 16 號 5 樓
電話	02-2500-0888
讀者服務電話	0800-020-299（9:30AM~12:00PM；01:30PM~05:00PM）
讀者服務傳真	02-2517-0999
讀者服務信箱	csc@cite.com.tw
劃撥帳號	19833516
戶名	英屬蓋曼群島商家庭傳媒股份有限公司城邦分公司

香港發行	城邦〈香港〉出版集團有限公司
地址	香港九龍土瓜灣土瓜灣道 86 號順聯工業大廈 6 樓 A 室
電話	852-2508-6231
傳真	852-2578-9337
Email	hkcite@biznetvigator.com

馬新發行	城邦〈馬新〉出版集團 Cite (M) Sdn Bhd
地址	41, Jalan Radin Anum, Bandar Baru Sri Petaling, 57000 Kuala Lumpur, Malaysia.
電話	603-9056-3833
傳真	603-9057-6622
Email	services@cite.my

製版印刷	凱林印刷事業股份有限公司
總經銷	聯合發行股份有限公司
地址	新北市新店區寶橋路 235 巷 6 弄 6 號 2 樓
電話	02-2917-8022
傳真	02-2915-6275

版次	初版一刷 2024 年 11 月
定價	新台幣 550 元／港幣 183 元

國家圖書館出版品預行編目(CIP)資料

以愛料理，主廚的寵妻健康食堂：改變
生命的好食慾元氣菜譜 / 林勃攸著. --
初版. -- 臺北市：城邦文化事業股份有
限公司麥浩斯出版：英屬蓋曼群島商家
庭傳媒股份有限公司城邦分公司發行，
2024.11
　176 面； 17×23 公分
ISBN 978-626-7558-39-3(平裝)

1.CST: 食譜 2.CST: 健康飲食

427.1　　　　　　　　　113015778

Printed in Taiwan